格致方法·定量研究系列　吴晓刚　主编

删截、选择性样本及截断数据的回归模型

[英] 理查德·布林(Richard Breen) 著

郑冰岛 译

SAGE Publications, Inc.

格致出版社　上海人民出版社

出版说明

　　由香港科技大学社会科学部吴晓刚教授主编的"格致方法·定量研究系列"丛书，精选了世界著名的 SAGE 出版社定量社会科学研究丛书，翻译成中文，起初集结成八册，于 2011 年出版。这套丛书自出版以来，受到广大读者特别是年轻一代社会科学工作者的热烈欢迎。为了给广大读者提供更多的方便和选择，该丛书经过修订和校正，于 2012 年以单行本的形式再次出版发行，共 37 本。我们衷心感谢广大读者的支持和建议。

　　随着与 SAGE 出版社合作的进一步深化，我们又从丛书中精选了三十多个品种，译成中文，以飨读者。丛书新增品种涵盖了更多的定量研究方法。我们希望本丛书单行本的继续出版能为推动国内社会科学定量研究的教学和研究作出一点贡献。

总 序

2003 年,我赴港工作,在香港科技大学社会科学部教授研究生的两门核心定量方法课程。香港科技大学社会科学部自创建以来,非常重视社会科学研究方法论的训练。我开设的第一门课"社会科学里的统计学"(Statistics for Social Science)为所有研究型硕士生和博士生的必修课,而第二门课"社会科学中的定量分析"为博士生的必修课(事实上,大部分硕士生在修完第一门课后都会继续选修第二门课)。我在讲授这两门课的时候,根据社会科学研究生的数理基础比较薄弱的特点,尽量避免复杂的数学公式推导,而用具体的例子,结合语言和图形,帮助学生理解统计的基本概念和模型。课程的重点放在如何应用定量分析模型研究社会实际问题上,即社会研究者主要为定量统计方法的"消费者"而非"生产者"。作为"消费者",学完这些课程后,我们一方面能够读懂、欣赏和评价别人在同行评议的刊物上发表的定量研究的文章;另一方面,也能在自己的研究中运用这些成熟的方法论技术。

上述两门课的内容,尽管在线性回归模型的内容上有少量重复,但各有侧重。"社会科学里的统计学"从介绍最基本的社会研究方法论和统计学原理开始,到多元线性回归模型结束,内容涵盖了描述性统计的基本方法、统计推论的原理、假设检验、列联表分析、方差和协方差分析、简单线性回归模型、多元线性回归模型,以及线性回归模型的假设和模型诊断。"社会科学中的定量分析"则介绍在经典线性回归模型的假设不成立的情况下的一些模型和方法,将重点放在因变量为定类数据的分析模型上,包括两分类 logistic 回归模型、多分类 logistic 回归模型、定序 logistic 回归模型、条件 logistic 回归模型、多维列联表的对数线性和对数乘积模型、有关删节数据的模型、纵贯数据的分析模型,包括追踪研究和事件史的分析方法。这些模型在社会科学研究中有着更加广泛的应用。

修读过这些课程的香港科技大学的研究生,一直鼓励和支持我将两门课的讲稿结集出版,并帮助我将原来的英文课程讲稿译成了中文。但是,由于种种原因,这两本书拖了多年还没有完成。世界著名的出版社 SAGE 的"定量社会科学研究"丛书闻名遐迩,每本书都写得通俗易懂,与我的教学理念是相通的。当格致出版社向我提出从这套丛书中精选一批翻译,以飨中文读者时,我非常支持这个想法,因为这从某种程度上弥补了我的教科书未能出版的遗憾。

翻译是一件吃力不讨好的事。不但要有对中英文两种语言的精准把握能力,还要有对实质内容有较深的理解能力,而这套丛书涵盖的又恰恰是社会科学中技术性非常强的内容,只有语言能力是远远不能胜任的。在短短的一年时间里,我们组织了来自中国内地及香港、台湾地区的二十几位研究生参与了这项工程,他们当时大部分是香港科技大学的硕士和博士研究生,受过严格的社会科学统计方法的训练,也有来自美国等地对定量研究感兴趣的博士研究生。他们是香港科技大学社会科学部博士研究生蒋勤、李骏、盛智明、叶华、张卓妮、郑冰岛,硕士研究生贺光烨、李兰、林毓玲、肖东亮、辛济云、於嘉、余珊珊,应用社会经济研究中心研究员李俊秀;香港大学教育学院博士研究生洪岩璧;北京大学社会学系博士研究生李丁、赵亮员;中国人民大学人口学系讲师巫锡炜;中国台湾"中央"研究院社会学所助理研究员林宗弘;南京师范大学心理学系副教授陈陈;美国北卡罗来纳大学教堂山分校社会学系博士候选人姜念涛;美国加州大学洛杉矶分校社会学系博士研究生宋曦;哈佛大学社会学系博士研究生郭茂灿和周韵。

　　参与这项工作的许多译者目前都已经毕业,大多成为中国内地以及香港、台湾等地区高校和研究机构定量社会科学方法教学和研究的骨干。不少译者反映,翻译工作本身也是他们学习相关定量方法的有效途径。鉴于此,当格致出版社和 SAGE 出版社决定在"格致方法·定量研究系列"丛书中推出另外一批新品种时,香港科技大学社会科学部的研究生仍然是主要力量。特别值得一提的是,香港科技大学应用社会经济研究中心与上海大学社会学院自 2012 年夏季开始,在上海(夏季)和广州南沙(冬季)联合举办《应用社会科学研究方法研修班》,至今已经成功举办三届。研修课程设计体现"化整为零、循序渐进、中文教学、学以致用"的方针,吸引了一大批有志于从事定量社会科学研究的博士生和青年学者。他们中的不少人也参与了翻译和校对的工作。他们在繁忙的学习和研究之余,历经近两年的时间,完成了三十多本新书的翻译任务,使得"格致方法·定量研究系列"丛书更加丰富和完善。他们是:东南大学社会学系副教授洪岩璧,香港科技大学社会科学部博士研究生贺光烨、李忠路、王佳、王彦蓉、许多多,硕士研究生范新光、缪佳、武玲蔚、臧晓露、曾东林,原硕士研究生李兰,密歇根大学社会学系博士研究生王骁,纽约大学社会学系博士研究生温芳琪,牛津大学社会学系研究生周穆之,上海大学社会学院博士研究生陈伟等。

陈伟、范新光、贺光烨、洪岩璧、李忠路、缪佳、王佳、武玲蔚、许多多、曾东林、周穆之,以及香港科技大学社会科学部硕士研究生陈佳莹,上海大学社会学院硕士研究生梁海祥还协助主编做了大量的审校工作。格致出版社编辑高璇不遗余力地推动本丛书的继续出版,并且在这个过程中表现出极大的耐心和高度的专业精神。对他们付出的劳动,我在此致以诚挚的谢意。当然,每本书因本身内容和译者的行文风格有所差异,校对未免挂一漏万,术语的标准译法方面还有很大的改进空间。我们欢迎广大读者提出建设性的批评和建议,以便再版时修订。

我们希望本丛书的持续出版,能为进一步提升国内社会科学定量教学和研究水平作出一点贡献。

吴晓刚

于香港九龙清水湾

目录

序

在非实验社会科学研究中,回归分析是最常用的方法。在数据收集和录入以后,研究者无一例外地开始尝试回归模型,对其定义的等式使用最小二乘法(OLS)进行估计。但OLS这一强大的工具却并不总是正确的。其一便是某类特殊形式的数据可能导致 OLS 估计量的偏误。布林教授在本书中讨论的数据形式包括删截(censored)数据、选择性样本(sample-selected)数据以及截断(truncated)数据。麻烦的是,该领域的术语运用并不统一,但相信本书的例子会帮助我们澄清这些概念。

假设城市政策学者芭芭拉·布朗(Barbara Brown)希望研究这一问题:为何美国城市比其他城市在空气污染控制上花费更多? 她以 Y 表示其因变量污染控制开支,并以 X_1 到 X_{10} 表示各城市从预算到社会经济指标的十项解释变量,然后从标准城市年鉴中搜集数据。设想第一种情况:在其城市样本中,年度污染开支只在超过 10 万美元时才被记录在案,否则就是缺失值。即 Y 是截断的。然而由于 X 并未被截断,而是包含所有城市的信息,因而构成删截样本。若布朗博士仍然使用 OLS 方法去估计模型，则结果如何呢？为构成数据集，她只能使用 $Y > 10$ 万美元的个案，或者她可以对所有无记录的城市假设一个小于 10 万美元的取值，如 9 万美元。无论怎样处理，OLS 都会提供有偏的参数估计。

在上面的例子中，数据的删截性(censoring)是由于因变量 Y 的截断(truncation)。而另一类更复杂的截断则是由于因变量 Y 的观测受另一变量 Z 影响。我们稍微改动空气污染的例子，以设想第二种情况：假设其他一切条件不变，但年鉴却只包含通过了空气清洁法令的城市。则变量 Z 在通过空气清洁法令时取值 1，未通过则取值为 0。这即为选择性样本问题。布林教授提示通过两个步骤以回应该问题：首先，某城市通过空气清洁法令的概率有多大；其次，在通过空气清洁法令的前提下，城市的污染开支为多少，那么该模型的参数要怎样估计呢，如果不是用 OLS 模型，那么是应该使用 Tobit 模型，还是赫克曼两步骤方法，还是最大似然估计方法呢。布林教授分别对这些估计方法的弱点和优点进行讨论，如以删截回归为例，他解释了最大似然 Tobit 估计一般来说优于赫克曼两步骤方法的原因。

如布林教授所言，删截数据、选择性样本数据以及截断数据涉及"社会科学中的广泛议题"，而詹姆斯·托宾(James Tobin)1958 年的论文引发了对这类议题的现代研究。因此我们的丛书非常需要这样一本关于删截数据的著作。其次，本书也是对丛书中另一本《事件史分析》的有效补充，后者主要处理另一种类型的删截数据。

迈克尔·S. 刘易斯-贝克

第 1 章

概 论

请考虑如下问题。某次校级考试的及格成绩为 40%,所有参加考试的学生皆被授予证书,但只有及格的学生才会同时获知考试成绩。某位研究考试成绩之影响因素的社会学家抽出一部分学生样本,试图考察一系列解释变量诸如阶级、性别、父母教育程度对学生考试成绩的影响。但其关于学生考试成绩的信息来自学生自己的考试证书。因此若以 y_i 表示第 i 位学生的考试成绩,则仅当 $y_i > 39$ 时,研究者才会得知学生的具体分数。否则(对于那些考试未及格的学生),研究者仅仅知道 $y_i \leqslant 39$。因而研究者面临这样的问题:如何使用这种样本数据去估计考试成绩和解释变量之间的关系? 有两种简单的办法。一是使用最小二乘法(OLS)对 y 进行所有解释变量的回归,该方法使用所有样本,并且对所有不及格的学生指定其 $y = 39$[1]。这种方法有许多不妥之处,而其中最重要的是 OLS 的回归系数(它本应告诉我们 y 和解释变量之间的关系)显然是总体真值的偏误估计。

第二种解决办法是仅仅使用 $y > 39$ 的样本信息对 y 进行 OLS 回归。但这种方法不仅舍弃了 $y \leqslant 39$ 的所有样本信息,而且由于其估计来源于一个并不是随机选择的子样本,因而不能很好地代表总体。此处的 OLS 估计同样是总体参数的偏误估计。虽然并不那么显而易见，但更重要的是，OLS 回归系数甚至也不是 $y > 39$ 的部分总体的无偏误估计（第 2 章将作解释）。

第 1 节 | 删截、选择性样本和 截断数据

为了解决这一问题(这也是本书要讨论的方法),我们需要采取两个步骤。首先是测量个体通过考试的概率。换言之,我们使用一系列相关的解释变量来拟合 y 大于 39 的概率,即 $\mathrm{pr}(y > 39)$。然后我们再使用一列相关变量,拟合通过者的期望成绩,即 $E(y \mid y > 39)$,其中 E 代表期望值。在模型拟合中,这两个步骤可以分开进行,也可更有效率地共同进行。

我们描述的此例在统计学文献中被称做删截样本问题。我们可以引入一些名称来更准确地说明其含义。若对于随机变量 y 有某数值 c,对于 $y > c$ 的所有样本,我们知道 y 的确切数值,但对于其他样本,我们则仅仅知道 $y \leqslant c$,则称为由下截断(左截断)。这正是我们开始时使用的例子所描述的情况。同时我们还有由上截断(右截断),表示我们知道所有 y 小于某一阈值 c 时 y 的确切值,但对于所有其他样本,我们仅知道 $y \geqslant c$。收入是一个典型的例子,对于样本中的高收入群体,我们可能仅仅知道其年收入是 10 万美元或以上。若存在两个或更多阈值,则还有可能出现多截断的情况。如两个阈值 $d > c$,若 $c < y < d$,则已知 y 的具体数值;而当 $y \leqslant c$ 时,$y \leqslant c$ 即为全部已知信息;而对 $y \geqslant d$,我们仅知

$y \geqslant d$。例如高收入和低收入都被截断的例子。

假设我们有一个截断 y 的样本,其中包含一系列变量 x_k,$k = 1, \cdots, K$,而 y 是 x_k 的函数。则 x_k(简写为 x)是以 y 为因变量的回归分析中的解释变量。若对所有样本我们都有 x 的观察值,则样本称做删截的。所以在左删截的样本里,我们既能获得所有 $y > c$ 的 x 值(其中 y 有确切值),也可知道 y 小于或等于 c 时的 x 值。相反,如果仅仅对那些 y 有确切值的样本,其 x 才被观察到,则该样本称作截断的。在这种情况下,对于 y 缺乏具体取值的样本,我们没有任何信息。

现在我们对截断的随机变量,以及含有这类变量的整体样本数据进行区分。后者可以是一个删截样本,即使 y 落入其截断区域,我们也有样本的部分信息;它亦可是一个截断样本,当 y 落入截断区域时则我们不具备任何样本信息。此处我们使用了与赫克曼(Heckman, 1992:205)相同的术语名称,但在文献中,这类术语的使用却并不一致:类似删截随机变量的说法相当常见,其中 c 被称为"删截"(而不是截断)阈值。但我认为名称反而是第二位的,读者理解删截数据和截断数据的不同才是重点。

接下来我们将区分两大类删截样本,它们之间的区别在于决定因变量 y 是否具有确切观察值的机制有所不同。在类似本书列举的第一个例子的一般删截问题里,y 的观察值的特性取决于其本身,例如大于阈值 c。但在选择性样本问题中(Heckman, 1979),y_i 是否能被确切地观察,取决于另一变量 z_i 的值。我们可以举一个简单的例子,比如成年人给予其孩子零花钱的数额(y)。因为不是所有的成年人都有孩子,所以在一个子样本中,我们不具备 y 的观察值。若以

$z_i = 1$ 表示第 i 位成年人有孩子,反之 $z_i = 0$,则我们需要两个步骤来解决问题:(1)拟合所有样本中成年人有孩子的概率;(2)在有孩子的样本中,拟合 y 的期望值。因而选择性样本是删截问题的一种,但其因变量的截断是因为存在另一变量 z。仍以此为例,我们会有两列解释变量:w,用以解释成年人是否有孩子;以及 x,用以解释 y 的观察值。对于所有样本,我们都有 w 和 x 的所有信息,并不管其处于被选择范围之内(同样可以观察到 y)还是之外(没有 y 的观察值)。w 和 x 可能有一些重合变量,甚至有可能完全相同。删截数据与选择性样本数据的区别有时也被称做"外在选择"(explicit)和"内在选择"(incidental)(Goldberger,1981)。

现在我们有了三种类型的样本:删截样本、选择性样本和截断样本。表 1.1 总结了其中的区别。但这三类样本的结构基本相同,而且它们常被共同称做删截问题。用于处理这类问题的统计模型有时也会被总称为 Tobit 模型(Amemiya,1984),尽管严格而言,Tobit 模型仅是处理这类数据的特殊模型中的一种。

表 1.1　删截样本、选择性样本及截断样本

样本类型	因 变 量	自 变 量
删截样本	y 仅在其值满足某些条件,如 $y > c$ 时,才可获知其确切取值。y 是截断的随机变量	无论 y 是否有确切取值,对于整个样本,自变量 x 都具有观测值
选择性样本	y 仅在另一随机变量 z 满足某些条件,如 $z = 1$ 时,才具有观测值。y 是截断的随机变量	无论 y 是否有观测值,对于整个样本,x 和 w 都可被观测
截断样本	y 仅在其值满足某些条件,如 $y > c$ 时,才具有观测值。y 是截断的随机变量	仅当 y 具备观测值时,自变量才可被观测

第 2 节 | 两步模型

上述删截数据、选择性样本数据以及截断数据的共同结构决定了它们要使用两步模型。[2] 在所有这些情况下,因变量 y 都只在一个子样本(我们称做选择的子样本)中具有观察值。y_i 是否具备完全的观察值(或者说,某一个案是否落入选择的子样本)可以取决于 y_i 本身(删截模型),也可取决于另一变量 z_i(选择性样本模型)。而这两者与截断模型之间的区别在于:前者含有选择子样本和非选择子样本的信息,而后者则仅含有选择子样本的信息。因而,对于删截数据和选择性样本数据,我们既可拟合选择层(第 i 个个案进入选择的子样本的概率),也可拟合结果层(选择的子样本中 y_i 的期望值);而对于截断数据,我们只能拟合后者。

选择两步模型的另一个好处是,它将本章介绍的方法与连续变量的回归分析以及二分变量的分析模型(如 logit 和 probit 模型)联系了起来。选择层本质上是一个二分变量模型(被选择与未被选择),而结果层则类似于连续变量 y 对一系列解释变量 x 的回归模型。因此,本章结合刘易斯-贝克(Lewis-Beck,1980)与阿肯(Achen,1982)关于回归模型的论述,以及奥尔德里奇和尼尔森(Aldrich & Nelson,1984)对离散型变量的分析方法的讨论来构建模型。

　　另一部分相关文献则是处理持续时间数据或事件史模型的。在使用这些模型时,我们关注样本成员在移入另一区间之前,在某区间内花费的时间(例如从无业到工作),以及不同个体在不同时间点发生区间转换的风险。通常这类数据的观察都建立在一个固定的时间区间 T 内。有一些样本成员在这段时间内并未经历转换,因而我们仅仅知道其在原始区间内所花费的时间至少等于 T。这类个案即为删截的。相反,有些样本成员则在时间 T 内经历过转换,则我们会知道其在原始区间内花费的具体时间。这些则是非删截个案。因此,测量在离开某原始区间之前所花费时间的变量则是以 T 而由上截断的。这类似于我们在收入研究中发现的上截断,因而本章中所介绍的方法(需做微小改动)也可用于这类问题。在时间数据的相关文献中,这类方法被称做加速失效模型(Kalbfleisch & Prentice, 1980)。它基本上是一种表示原始区间内停留时间的期望长度(或长度的对数形式)的删截回归模型。尽管删截个案与未删截个案之间的区别仍是重点,但现在时间数据的常用方法关注"风险率"(详细介绍见Allison, 1984)。这类模型在统计学中现已成为高度发展的领域,我们在此不再进行讨论,然而我们仍将在第 5 章讨论删截模型与加速失效模型之间的关系。

第 3 节｜社会科学中的删截、选择性样本以及截断问题

为何我们关注删截、选择性样本及截断问题？最直观的原因是它们在社会科学中的普遍性。现代学科对删截数据的最早估计始于托宾的文章(Tobin, 1958)，文中介绍了后人所称的 Tobit 模型。[3]使用 735 户的样本数据，托宾分析了持久消费品支出占总可支配收入之比例与两个解释变量之间的关系，包括户主年龄与流动资产占总可支配收入的比例。在他的样本中，有 183 户的因变量取值为 0，因此因变量 y 以阈值 $c = 0$ 而截断，从而构成删截样本。从此该模型就被社会科学的许多学科使用。例如在政治学中，迪根和怀特(Deegan & White, 1976)用其分析 1973 年休斯敦地方政府官员候选人用于电视广告的开销，其中 40 名候选人中的 24 名开销为 0。又如在社会学中，沃顿和拉金(Walton & Ragin, 1990)用其分析债务国公众示威的严重程度。在其 56 个国家样本中，有 30 个国家没有公众示威记录，其因变量取值为 0。

在删截回归方法使用的许多例子中，删截的阈值都为 0。这样的例子有家庭资产如公司股份的所有权、酒精消费量、耐用消费品的购买等。但同时也存在阈值不为 0 的情况，例如完成全日制教育的年限(其阈值为法定最小离校年龄)，有

最低工资法的国家的收入情况等。然而并不能因为因变量
有一个较高或较低的阈值（或两个都有），使得至少一部分个
案被聚类在一起，就可以认定删截回归模型成为正确的选
择。在详细介绍该模型后，我们会继续讨论在什么时候删截
回归模型才是适用的。

选择性样本数据的例子大量存在于社会科学研究中。
其被广泛运用的领域之一是评估研究，尤其是对劳动力市场
项目的影响研究。其中项目参与并不是一个随机事件，因而
参与行为的效果（如收入或工作机会）研究不仅需要估计进
入项目的几率，也需要估计进入项目后的结果。其详细介绍
参见巴尔诺、凯恩和戈德堡的著作（Barnow, Cain & Gold-
berg, 1980）。

学校效应的研究也是选择性样本问题经常出现的领域
（Coleman, Hoffer & Kilgore, 1982）。例如，如果我们关注
就读于一类学校比之另一类学校的相对效应，则不仅需要研
究入选某类学校的过程，还需要分析入选后就读于该类学校
的影响。

调查中的无应答也会产生选择性样本问题。如某问卷中
关于性生活频率的问题遭遇了大量的无应答。若该无应答是
随机的，则使用已应答的子样本来模型化性交频率的解释变
量不会存在问题。但很显然无应答并不是这样纯粹随机的，
这导致仅对回答者提供的信息进行 OLS 回归可能出现偏误估
计。此处我们同样应该进行两步估计：首先是无应答或应答
的过程，然后是在应答者中估计其性生活的期望频率。

某些时候选择性样本问题和删截问题可能同时发生。
例如对刑事司法系统的研究，若关注对有罪被告人所判处的

监禁时间,则我们应关注其中的多阶段过程。首先,在被带入法庭的被告人中,仅有一部分被发现(或辩称)有罪;而在有罪的被告人中,仅有一部分会接受监禁。在第一阶段,我们可以使用选择性样本的方法去估计被判定有罪或宣告无罪的过程,而将第二阶段看做删截样本的例子,因为同样的自变量可以用于决定被告人是否被判监禁以及监禁的时间。因此,我们可以对有罪认定的被告人的获刑时间拟合一个删截回归,但应对其做样本选择性偏误修正,因为有些人并不被认定有罪。整个刑事司法程序可以看做不仅是两个步骤的综合,而且是整体一系列阶段的综合(拘留、传讯、审判、判决),其中每一阶段都在上一级样本中选择一个较小的子样本。因而理想状态应是整个过程被拟合为一系列选择性样本和删截数据的模型(Hagan, 1989; Hagan & Parker, 1985; Peterson & Hagan, 1984)。

　　某些抽样会导致截断问题。如研究者并不总是从总体整体中抽取样本,而是直接在自己所感兴趣的那部分总体中进行抽样,如仅调查那些收入在贫困线以下的家庭。此时如果研究者对收入和教育之间的关系进行测量,则 OLS 回归必然导致有偏的参数估计。即使研究和所感兴趣的仅仅是贫困家庭中的此项关系,其参数估计仍然有偏误(Berk, 1983: 388)。两步骤模型(为删截数据所设计)并不能解决这类问题,因为关于贫困线以上的家庭我们没有任何信息,所以只能使用截断数据的分析技术。对找到工作前的无业期的研究同样面临此类问题。因为无业人群并不是总体的随机子集,因而仅根据无业人群的信息所做的参数估计很有可能出现偏误。

第 4 节 │ 理论基础

接下来,我们假设社会科学研究者们希望对一个或多个解释变量(自变量)与某个因变量之间的关系进行总体参数估计,并假设这些估计使用总体的一个随机样本进行。

本书所介绍的删截、选择性样本,以及截断数据的分析方法,如前文所述,包含两个步骤,并对两个步骤分别拟合模型。选择该方法的原因是显而易见的。作为一项标准统计结果,我们可以将随机变量 v 的期望值看做以下两项的乘积之和:v 落入某一分散区间的概率,以及 v 在该区间内的期望值。若以 $I_m(m = 1, 2, \cdots, M)$ 表示各分散区间,则 v 的期望值为:

$$E(v) = \sum_{m=1}^{M} \mathrm{pr}(v \in I_m) E(v \mid v \in I_m) \qquad [1.1]$$

其中 $\mathrm{pr}(v \in I_m)$ 表示 v 落在第 m 号区间的概率。因而,随机变量的期望值可以表示为其条件期望($E[v \mid v \in I_m]$)乘以概率($\mathrm{pr}[v \in I_m]$)之和。方程 1.1 即为"期望的全概率法则"的简单形式(Karlin & Taylor, 1975:8)。

将该结论运用于删截问题,因为在一般回归中我们有:

$$E(y_i \mid \mathbf{x}_i) = \mathbf{x}_i' \boldsymbol{\beta} \qquad [1.2]$$

其中下标 i 表示样本中的第 i 个个案，而 $\mathbf{x}$ 和 $\boldsymbol{\beta}$ 皆为列向量组。

考虑 y 在某常数 c 两端的取值，则根据方程 1.1 的结果，我们可以将方程 1.2 的左侧写作：

$$E(y_i \mid \mathbf{x}_i) = \mathrm{pr}(y_i > c \mid \mathbf{x}_i)E(y_i \mid y_i > c, \mathbf{x}_i)$$
$$+ \mathrm{pr}(y_i \leqslant c \mid \mathbf{x}_i)E(y_i \mid y_i \leqslant c, \mathbf{x}_i) \quad [1.3]$$

此时方程 1.1 中所指的区间由变量 y 自身决定：I_1 是区间 $(-\infty, c]$，而 I_2 是区间 $(c, +\infty)$。y 是否超过 c 的概率则被看作与 $\mathbf{x}$ 相关，而方程的期望值部分则不仅取决于 $\mathbf{x}$，也取决于 y 与 c 的大小关系。因为 y 被 c 分为两部分，所以 y 小于或等于 c 的概率为 1 减去 y 大于 c 的概率。所以方程 1.3 可写作：

$$E(y_i \mid \mathbf{x}_i) = \mathrm{pr}(y_i > c \mid \mathbf{x}_i)E(y_i \mid y_i > c, \mathbf{x}_i)$$
$$+ [1 - \mathrm{pr}(y_i > c \mid \mathbf{x}_i)]E(y_i \mid y_i \leqslant c, \mathbf{x}_i)$$
$$[1.4]$$

若 y 以 c 为阈值由下截断，则其观察值的期望值为：

$$E(y_i \mid \mathbf{x}_i) = \mathrm{pr}(y_i > c \mid \mathbf{x}_i)E(y_i \mid y_i > c, \mathbf{x}_i)$$
$$+ [1 - \mathrm{pr}(y_i > c \mid \mathbf{x}_i)] \times c \quad [1.5]$$

注意，最后一项条件期望值在方程 1.5 中被常数 c 替代了。这完全无伤大雅，因为若我们定义 $z = y - c$ 并将 z 作为因变量，则我们可以设 $c = 0$。虽然这会改变截距的原始估计值 α，使之变为 $\alpha - c$，但这并不会改变其他的斜率估计值。现在看来，我们仅需估计等式的两个部分，正如之前讨论的那样，估计选择（某一个案不被删截的概率）和结果（未删截个案的条件期望）两个步骤。而这两项都被看做同一系列变量

x 的函数。

事实上,该模型也不必如此严格。选择和结果步骤并不要求是同一列变量的函数。回到方程 1.1,其分散区间也不必以随机变量 v 来定义,我们亦可用另一变量 z 来定义其区间。类似地,选择过程也可能比模型所显示的更复杂。前面我们已经提到了双重截断(同时具有上下限)的情况,同样,我们也可能有更复杂的选择性样本,如仅当两个标准被满足时,y 具有确切的观察值。如我们有两个随机变量 z 和 r,则仅当 $z_i > 0$ 且 $r_i > 0$ 时,我们能观察到 y_i。此时模型为:

$$E(y_i) = \mathrm{pr}(z_i > 0,\ r_i > 0)E(y_i \mid z_i > 0,\ r_i > 0)$$

为了方便起见,我们省去了模型两部分中的解释变量,但 r、y、z 都可以是不同解释变量的函数。如果 r 和 z 互不独立,则选择过程的拟合需要考虑二元概率分布。

更基本的复杂性来自于两步骤的同步而非顺序发生。例如,我们希望研究与人们的收入相关的变量。在工作年龄的成年人总体中抽取随机样本,则并非每个人都有工作,因而,因变量收入(或收入的某些转化形式)仅对样本的某些成员具有观察值。若我们进一步假设人们仅仅会从事那些工资在其接受程度的最低限("保留性工资")以上的工作,则选择过程(个人是否有工作)和结果过程(当个人有工作时,其工资是多少)并不是顺序发生的。相反,它们同时发生。只有当工作报酬高于个人的保留性工资时,我们才能观察到某人有工作。我们将在第 5 章讨论这类模型。尽管这类同时性使得模型的估计更复杂,但我们仍相信两步骤模型在处理这类问题时的优越性。

第 5 节 | **本书内容**

　　在下一章，我们将首先介绍删截样本的最简估计形式，即 Tobit 模型（Tobin, 1958）。我们将用较大篇幅解释与其相关的问题，如最大似然估计和参数解释。在第 3 章，我们会讨论基本的选择性样本数据模型以及截断回归模型。第 4 章通过最大似然估计法丰富删截模型和选择性样本模型，将本书介绍的方法与非连续因变量的其他回归方法如有序 probit 模型相联系。同时，我们会讲述如何扩展模型以适合选择和结果并非顺序发生的案例。第 5 章是关于这些方法所面临的争议及困难，并在模型的现实运用和寻找替代方法方面提供指导。

第 **2** 章

删截数据的 Tobit 模型

　　处理删截数据的最简单模型是所谓 Tobit 模型（Tobin，1958），它所处理的即为第 1 章所介绍的问题。基于托宾的模型运用，我们使用另一个例子来展开讨论。以 y_i 表示第 i 户家庭用于奢侈品的花费，其中第 i 户家庭来自于一个所有家庭的随机样本。以 $\mathbf{x}_i$ 表示一系列解释变量的值（如月收入、财富、家庭成员等）。我们需估计向量 $\boldsymbol{\beta}$，它包含一系列总体回归参数，表示 $\mathbf{x}_i$ 对奢侈品消费的影响。样本包括 N 户家庭，其中 N_0 户家庭不消费任何奢侈品，而另 $N_1 (= N - N_0)$ 户则消费某些奢侈品。

第 1 节 | 删截的潜在变量

Tobit 模型及其他类似模型共同认为存在一个潜在变量 y^*，y 是其现实观察值。在之前关于考试成绩的例子里，潜在变量为个体学生的真实考试成绩（从 0 到 100），但该潜在变量只有在超过阈值时才可被观测。真实考试分数可用 y^* 表示，而观测值（从 39 截断）则可用 y 表示。类似地，在本章的例子中，y^* 表示家庭在奢侈品上的消费能力或消费倾向，但我们观测到的是家庭的实际消费值 y，它只在消费能力大于 0 时才会出现。所以尽管许多个案的观测值同样为 0，但其潜在变量的取值可能不尽相同。模型的潜在变量形式为：

$$y_i^* = \mathbf{x}_i' \boldsymbol{\beta} + u_i \qquad [2.1]$$

假设 u_i 是独立并且服从正态分布的误差项，且其均值为 0，方差为常数 σ^2。重要的是，我们亦假设方程 2.1 是潜在变量与 x 之间的正确关系函数，并且 x 无测量误差，也不存在任何遗漏变量。所有这些假设都非常重要，因而在使用 Tobit 模型之前，我们应考虑数据是否满足这些假设。在 OLS 回归中，违反这些假设的后果是非常清楚的，但对本书讨论的 Tobit 模型和其他模型而言，这些后果尚不明确。然而（我们将在第 5 章详细讨论）我们却知道相比 OLS 模型，这些模型在违反假设(如正态分布假设)时更加不稳健。但这并不说明此类模型过于脆弱而不宜使用:因为很明显 OLS 回归并不适用于这类数据(如示例所言)。坚持使用 OLS 回归,并期望它对于或者真实存在,抑或只是我们怀疑的问题显示出更强的稳健性,这于理不通。更重要的做法是检验这些假设是否被满足,并在可能的情况下转化我们的数据,以使之满足假设,或在研究设计及研究进行过程中最小化这类问题。

观测变量与潜在变量之间的关系可以简单地写作:

$$y_i = y_i^* \quad 若 \quad y_i^* > c$$
$$y_i = c \quad 若 \quad y_i^* \leqslant c$$

其中 c 为删截的阈值(在例子中 $c = 0$)。

若将我们的模型写为观测变量的 y 的形式,并令 $c = 0$,则有:

$$若 \ y_i > 0,则 \ y_i = \mathbf{x}_i' \boldsymbol{\beta} + u_i$$
$$否则 \ y_i = 0$$

第 1 章中的方程 1.5 表示某删截于 c 的变量取决于 $\mathbf{x}_i$ 的期望值。在本例中,由于 $c = 0$,因而方程可以简化为:

$$E(y_i \mid \mathbf{x}_i) = \mathrm{pr}(y_i > 0 \mid \mathbf{x}_i)E(y_i \mid y_i > 0, \mathbf{x}_i) \quad [2.2]$$

现在我们说明怎样使用两步骤方法去拟合该模型。

第 2 节 ｜ 两步骤模型

选择

由于 $y_i > 0$，所以：

$$\mathbf{x}_i'\boldsymbol{\beta} + u_i > 0$$

因此，

$$u_i > -\mathbf{x}_i'\boldsymbol{\beta} \qquad [2.3]$$

换言之，$y_i > 0$ 的概率即为 u_i 超过 $-\mathbf{x}_i'\boldsymbol{\beta}$ 的概率。由于 u_i 服从正态分布，则该概率实为某一正态分布的变量超过某值的概率。回忆 z 检验的程序，我们可以从标准正态曲线下的一块面积看出：某一均值为 0，标准差为 1 的正态分布随机变量小于或等于 z 的概率值。现在我们的例子稍有不同，因为我们试图得知 u_i 超过 z_i^* 的概率，其中 $z_i^* = -\mathbf{x}_i'\boldsymbol{\beta}$。由于正态分布的对称性，随机变量超过 z 的概率即等于其小于 $-z$ 的概率，即：

$$\mathrm{pr}(u_i > -\mathbf{x}_i'\boldsymbol{\beta}) = \mathrm{pr}(u_i \leqslant \mathbf{x}_i'\boldsymbol{\beta})$$

用 $F(\mathbf{x}_i'\boldsymbol{\beta}, \sigma^2)$ 表示均值为 0 方差为 σ^2 的正态分布随机变量小于或等于 $\mathbf{x}_i'\boldsymbol{\beta}$ 的概率，或简称为 F_i，则：

$$F_i = F(\mathbf{x}'_i\boldsymbol{\beta}, \sigma^2) = \int_{-\infty}^{\mathbf{x}'_i\boldsymbol{\beta}} \frac{1}{\sqrt{2\pi\sigma^2}} \exp(-t^2/2\sigma^2)\mathrm{d}t$$

该概率等于均值为 0 标准差为 σ 的正态曲线中，从 $-\infty$ 到 $\mathbf{x}'_i\boldsymbol{\beta}$ 所占的比例。从而 F_i 等于 $\Phi(\mathbf{x}'_i\boldsymbol{\beta}/\sigma)$，或简写为 Φ_i，则：

$$\Phi_i = \Phi(\mathbf{x}'_i\boldsymbol{\beta}/\sigma) = \int_{-\infty}^{\mathbf{x}'_i\boldsymbol{\beta}/\sigma} \frac{1}{\sqrt{2\pi}} \exp(-t^2/2)\mathrm{d}t \quad [2.4]$$

方程 2.4 又被称为标准正态分布函数，它告诉我们标准化后的正态分布随机变量（均值为 0，标准差为 1）小于或等于 $\mathbf{x}'_i\boldsymbol{\beta}/\sigma$ 的概率。这一概率为标准正态曲线下从 $-\infty$ 到 $\mathbf{x}'_i\boldsymbol{\beta}/\sigma$ 所占的比例。

无论是写作 F_i 还是 Φ_i（我们会使用后者），此项概率都可使用 probit 模型来估计（Aldrich & Nelson，1984:48—49）。在 probit 模型中，σ 和 $\boldsymbol{\beta}$ 并不被单独定义，模型估计的参数为 $\boldsymbol{\beta}/\sigma$，而且为了方便，我们通常假设 $\sigma = 1$（见 Maddala，1983:23）。

结果

若不满足方程 2.3，则对于 y_i 我们会观察到 0 值。因此我们只需在 $y > 0$ 的条件下估计 y 的条件期望值。即：

$$E(y_i \mid y_i > 0, \mathbf{x}_i) = \mathbf{x}'_i\boldsymbol{\beta} + E(u_i \mid u_i > -\mathbf{x}'_i\boldsymbol{\beta})$$

$$[2.5a]$$

由于仅当 u 满足条件时，才有 $y > 0$，所以在模型中我们不使用 $E(u_i)$（如同在普通 OLS 模型中所做的那样），而是使用条

件期望值 $E(u_i \mid u_i > - \mathbf{x}_i'\boldsymbol{\beta})$。因为我们已经假设 u 的非条件
期望值为 0,则其条件期望不为 0。因此,事实上我们在回归
式中加了额外的一项。现在的问题在于如何估计这一额外
项。我们需要知道关于截断的,正态分布的随机变量的期望
值。其统计结果在附录 1 中有说明。由于 u 是正态分布的
随机变量,且由 $-\mathbf{x}_i'\boldsymbol{\beta}$ 向下截断,则:

$$E(u_i \mid u_i > - \mathbf{x}_i'\boldsymbol{\beta}) = \sigma \frac{\phi_i}{\Phi_i} \qquad [2.5b]$$

Φ_i 仍是对 $\mathbf{x}_i'\boldsymbol{\beta}/\sigma$ 测量的标准正态函数,而 ϕ_i 则是其对应的标
准正态密度函数,即:

$$\phi_i \equiv \phi\left(\frac{\mathbf{x}_i'\boldsymbol{\beta}}{\sigma}\right) = \frac{1}{\sqrt{2\pi}} \exp \frac{(-\mathbf{x}_i'\boldsymbol{\beta})^2}{2\sigma^2}$$

应注意区分,Φ_i 是概率,而 ϕ_i 则是概率所对应的密度。
方程 2.5 中出现的密度与分布函数之间的比值(ϕ_i/Φ_i),被
称为逆米尔斯比率,或风险率,常用 λ_i 表示。

$$\mathbf{x}_i'\boldsymbol{\beta} + E(u_i \mid u_i > - \mathbf{x}_i'\boldsymbol{\beta}) = \mathbf{x}_i'\boldsymbol{\beta} + \sigma \frac{\phi_i}{\Phi_i}$$
$$= \mathbf{x}_i'\boldsymbol{\beta} + \sigma\lambda_i \qquad [2.6]$$

该方程的估计十分容易。从 probit 模型的选择步骤的结果,
我们可以得到观测值 y 大于 0 的估计概率,这即为 Φ。同样,
我们可以得到相应的 ϕ 的估计值(通过第 i 个个案[$\mathbf{x}_i'\boldsymbol{\beta}/\sigma$]的
标准正态密度函数)。对于那些 y_i 大于 0 的个案,我们用 Φ_i
和 ϕ_i 的估计值来计算 λ_i 的估计值,即逆米尔斯比率。接着
就可以使用 OLS 回归,通过拟合非零的 y 值和 $\mathbf{x}_i$ 以及估计 λ
值的关系来计算 $\boldsymbol{\beta}$ 和 σ 的估计值。

$$E(y_i \mid y_i > 0,\ \mathbf{x}_i) = \mathbf{x}_i' \boldsymbol{\beta} + \sigma \hat{\lambda}_i \qquad [2.7]$$

也可用方程 2.2 来对模型进行估计,它将 y_i 的期望值看做 $y_i > 0$ 的概率与 $y_i > 0$ 时 y_i 之条件期望的乘积。即:

$$E(y_i \mid \mathbf{x}_i) = \Phi_i \left[\mathbf{x}_i' \boldsymbol{\beta} + \sigma \frac{\phi_i}{\Phi_i} \right] \qquad [2.8]$$

为估计这一方程,我们同样从 probit 模型的结果中得到 Φ_i,即模型的第一部分,则 y 的条件期望可由方程 2.5a 得出。通过使用 Φ_i 和 ϕ_i 的估计值(由 probit 模型得来),则我们可以将方程 2.8 简化为:

$$E(y_i \mid \mathbf{x}_i) = \hat{\Phi}_i \boldsymbol{\beta} \mathbf{x}_i' + \sigma \hat{\phi}_i \qquad [2.9]$$

它同样可以用 OLS 回归来拟合,但这次我们使用的是全部样本数据。

β 的估计值有时被称做赫克曼两步估计量(Amemiya,1984;Heckman,1976,1979),尽管这一方法相对简单直接,并且易于使用,但同时也面临许多问题。如系数的标准误及 σ 的估计值都不准确。我们将使用例子对其做进一步的说明。

第 3 节 ｜ **最大似然估计**

　　Tobit 模型使用最大似然估计解决这些问题。它不似一般 OLS 方法那样为人熟知，但它的重要性以及在统计和计量学中使用的广泛性（包括删截数据、选择性样本数据和截断数据）使得我们有必要对其基本原理进行解释（见 Aldrich & Nelson，1984：第 3 章；Eliason，1993；Kmenta，1971：174—182）。

　　首先考虑含有一个自变量（x）和一个因变量（y）的回归模型。该回归的输出结果会向我们提供三个基本参数：截距 α、回归系数 β 以及假设为正态分布且相互独立的误差项的标准误 σ。使用最小二乘法可得到 α 和 β 的估计值，同时在满足假设（同方差、残差独立性、残差零和性，以及 u 和 x 不相关）的条件下，OLS 估计量为最优线性无偏估计量（BLUE）（见 Johnston，1972：第 2 章及第 5 章），意为最小二乘估计量在所有的线性无偏估计量中是最有效（抽样方差最小）的。

　　还有另外一种估计 α、β 和 σ 的方法，即最大似然估计法。其基本原理是：若估计的一系列参数是总体的参数真值，则它们将最有可能产生观测到的样本数据（或严格而言，它们会最经常地产生观测到的样本数据）。对于随机变量 y 的一系列 N 个样本观测值 y_1，y_2，…，y_N，我们提问：若给定一列总体参数值,则其从总体中得出这些具体观测值的可能性多大? 而最大似然估计则是尝试所有可能的总体参数值,直至发现某一列参数,其得出具体样本观测值的可能性最大。因而进行最大似然估计的第一步是写出观测到 y_i 的某一具体模式的似然值。

我们可用较直接的二项分布来解释其做法,并且我们将证明,这即是被泛称为 probit 的模型的由来。二项分布的随机变量仅有两个可能取值 0 和 1,且其分布可用一个参数来表示,即其均值 π。π 等于该变量取值为 1 的概率,因而其取值为 0 的概率是 $1 - \pi$。所以该二项分布随机变量的概率分布为:

$$f(y) = \pi^y (1 - \pi)^{1-y}$$

它表示该随机变量取某一特殊值(0 或 1)的概率。若我们从此分布中抽取 N 个值为样本,则其联合概率分布为:

$$f(y_1, y_2, \cdots, y_N)$$

它表示我们 N 个值的样本取某一特殊组合的 0 值和 1 值的概率。若样本个案之间互相独立,则联合概率可看做边缘概率的乘积,即:

$$f(y_1) f(y_2) \cdots f(y_N)$$

用特殊形式来代替 f,则:

$$\pi^{y_1} (1 - \pi)^{1-y_1} \pi^{y_2} (1 - \pi)^{1-y_2} \cdots \pi^{y_N} (1 - \pi)^{1-y_N}$$

$$= \prod_1^N \pi^{y_i} (1 - \pi)^{1-y_i} \qquad [2.10]$$

后面的表达式即为似然函数。但为何该看似等同于样本联合概率分布的表达式被称作似然值呢？其原因在于：尽管两者写法相同，但联合概率分布中分布的参数（π）为固定值而 y 为变量，但在似然函数中两者的位置相反：观测值为固定值（y）而分布参数则为变量。一旦我们写出似然函数，则下一步是在给定样本观测值的情况下，找出使该函数最大化的参数值。现实情况中更方便使用的是似然函数的自然对数形式，称为对数似然值，常用 L 表示。对数似然值是似然值的单调变换，因为两个函数将在同一点取得最大值。在本例中，对数似然值为：

$$L = \sum_{i=1}^{N} \left[y_i \log \pi + (1 - y_i) \log(1 - \pi) \right] \qquad [2.11]$$

假设我们的样本含有 2000 个观测值，其中 1472 个取值 1 而剩下 528 个取值 0。为了估计未知参数 π（在 0 和 1 之间），我们将各个可能的值代入方程2.11。若首先猜测 π = 0.5，则对数似然函数的值为：

$$L = 1472 \times \log(0.5) + 528 \times \log(1 - 0.5) = -1386.29$$

表 2.1 是根据对 π 的不同猜测而计算的不同的 L 值，可以看出 π 在 0.7 时函数值最大，而更精细的研究则能表明对数似然值在 π 为 0.736 时最大。这就是参数 π 的最大似然估计。

最大似然法并不仅限于估计参数 π，π 表示样本数据中取值为 1 的观测值的比例。我们也可以将 π 看做数据和参数的函数，假设对样本中的每一个 y_i，我们都有相应的 x_i 值，并且 x_i 为连续变量。则 $\pi_i = f(x_i)$，f 是某一函数。在 probit 分析中，我们有：

表 2.1 π的不同估计下的对数似然函数值

π 的估计值	对数似然函数值
0.1	−3445.04
0.2	−2468.91
0.3	−1960.57
0.4	−1618.50
0.5	−1386.29
0.6	−1235.74
0.7	−1160.72
0.8	−1178.25
0.9	−1370.86

$$\pi_i = \Phi(\alpha + \gamma x_i)$$

其中 Φ 表示标准正态分布函数，并假设 $\sigma = 1$。

将该表达式代入方程 2.11，则对数似然值为：

$$L = \sum_{i=1}^{N} \left[y_i \log(\Phi_i) + (1 - y_i)\log(1 - \Phi_i) \right] \quad [2.12]$$

其中 $\Phi_i = \Phi(\alpha + \gamma x_i)$。这就是 probit 模型中的对数似然函数 (Aldrich & Nelson, 1984:51)。最大化该项则可得到参数 α 和 γ 的最大似然估计。当然，此时我们用于寻找 π 的最大似然估计的简单方法已不再适合，最大化对数似然函数需要更为复杂的办法(见 Eliason, 1993:第 3 章)。

现在假设 y 不是分类变量或离散变量，而是一个连续变量，我们以此作为第二个例子，仍遵循最大似然估计的基本程序。我们同样寻找使似然函数最大的总体参数值，并在写出似然函数前弄清样本数据的联合概率分布。而其与上一个例子的重要区别在于：对于分类变量或离散变量，我们可用其具体值计算联合概率(换言之，这类随机变量的概率分布函数已有定义)，但对于连续变量而言，事实上并非如此。如同对于二分变量,我们可以找出 y 取值为 0 或 y 取值为 1 的概率;但对于连续变量,我们并不能指出 y 取某一特定值时的概率。因此,在似然值中我们不能使用概率分布函数。相反,我们应该用密度函数,宽泛而言,它对连续变量的意义和概率分布函数对离散变量的意义相同[4]。

假设 y_i 的总体围绕其均值呈正态分布,则其密度函数为:

$$f(y_i) = \frac{1}{\sqrt{2\pi\sigma^2}} \exp \frac{-\left[(y_i - \mu)/\sigma\right]^2}{2}$$

因此似然函数是所有 y_i 的密度的乘积。取其对数形式,则有:

$$L = \sum_{i=1}^{N} \log\left(\frac{1}{\sqrt{2\pi\sigma^2}}\right) - \frac{1}{2\sigma^2}(y_i - \mu)^2 \quad [2.13a]$$

同样地,最大化此函数即可得到 μ 和 σ 的估计值。若我们假设 μ 在不同的样本个体间变化,设 $\mu_i = \alpha + \beta x_i$,且将其代入对数似然函数,则:

$$L = \sum_{i=1}^{N} \log\left(\frac{1}{\sqrt{2\pi\sigma^2}}\right) - \frac{1}{2\sigma^2}\left[y_i - (\alpha + \beta x_i)\right]^2$$

$$[2.13b]$$

最大化该表达式则可得到 α、β 和 σ 的最大似然估计值(MLE)。

最大似然估计值有很多很好的属性,但它们只在样本量很大(且在满足正则条件)时才存在。在统计术语中,最大似然估计值有较好的渐进性质。这与 OLS 统计量略微有一些不同(当然是在满足 OLS 回归条件,如方差、独立误差、零和误差、解释变项与误差项零相关的情况下）。所以，OLS 估计量是无偏的，意即 OLS 估计的参数的期望值等于总体的参数真值，也就是：

$$E(\hat{\theta}) = \theta$$

其中 $\hat{\theta}$ 是 OLS 的参数估计值。而最大似然估计量则并不满足无偏性，只具备一致性。这意味着当样本量增大时，最大似然估计量会越来越趋近于参数的总体真值（Kmenta, 1971:133—134, 181—182）。这并不是说该估计量是渐进无偏估计——意即在极限情况下，当样本量非常大时，参数估计量的期望值等于其真值[5]。最大似然估计量总是具备一致性，但它们也可能是渐进有偏的。但是如同伊莱亚森（Eliason, 1993:20)所指出的，在所有实际应用中，以及用本书所讨论的所有模型来讲，最大似然估计量实际上都是渐进无偏的。

OLS 估计量的有效性表示使用最小二乘法得到的参数估计的方差总是小于其他线性无偏估计量的方差。而最大似然估计量则是渐进有效的，即只有在样本量很大时，其估计量的有效性特质才得以成立。最后，如果我们假设误差项服从总体正态分布，则 OLS 估计系数也服从同样的正态分布，因而我们可以计算其置信区间，并进行显著性的标准统计检验。最大似然估计则是渐进正态分布的，我们再一次强调：它意味着大样本的最大似然估计服从正态分布，但对于小样本估计而言，事实并不一定如此。最大似然估计量的方差可以很容易地从逆"信息矩阵"的对角线中获得。信息矩阵是对数似然函数对参数的二阶偏导之期望值的负数（参见

Aldrich & Nelson, 1984:54; Eliason, 1994:20; Kmenta,
1971:182),然而它们只是参数的渐进方差,仅在样本量很大
时才可使用。

最大似然估计是一种普遍而灵活的技术:只要我们能够
写出似然函数——它实际上取决于产生样本数据的假
设——则理论上我们即可估计总体参数。而在现实中我们
则需考虑对数似然函数是否有效[6],其中一个重要的问题
是:该函数是否只有一个最大值。若函数有好几个最大值,
则参数估计应考虑其起始值。而 Tobit 对数似然方法并不存
在这一问题,因为它仅有一个最高点,即它是一个凹函数
(Olsen, 1978)。

第 4 节 │ Tobit 模型的最大似然估计

在写出 Tobit 模型的似然函数之前,我们应考虑样本数据及我们将做的假设。为使论述具体化,我们以本章开头所谈的奢侈品消费为例。首先假设 μ_i 服从正态分布,不同观测值的误差项彼此独立,而且误差项与解释变量不相关。其次,对样本中的所有家庭,我们知道其是否有奢侈品消费行为。再次,对于其中的 N_1 个未删截个案,我们知道其消费数额。我们使用这三项信息去构建样本整体的似然函数。由于对所有样本,我们皆知道其是否有删截,因此,删截个案对似然值的贡献为:

$$\prod_0 (1 - \Phi_i) \qquad [2.14a]$$

即所有删截个案的被删截概率(等于 1 减去未删截的概率)的乘积。

而未删截个案的贡献为:

$$\prod_1 \Phi_i \qquad [2.14b]$$

即所有未删截个案的未被删截的概率的乘积。最后,对于未删截个案,我们还知道其具体消费数额,这同样应为似然函数的一部分:

$$\prod_1 \frac{1}{\sigma} \frac{\phi[(y_i - \mathbf{x}_i'\boldsymbol{\beta})/\sigma]}{\Phi_i} \qquad [2.14c]$$

此为截断正态分布的密度函数。由于 Φ_i 出现在方程 2.14b 中的分子部分,亦出现在方程 2.14c 中的分母部分(皆作用于未删截数据),于是可互相抵消。将其与方程 2.14a 合并,则似然函数为:

$$l = \prod_0 [1 - \Phi_i] \prod_1 \phi[(y_i - \mathbf{x}_i'\boldsymbol{\beta})/\sigma]$$

为了估计方便,我们使用其对数形式,即:

$$L = \sum_0 \log(1 - \Phi_i) + \sum_1 \log \frac{1}{\sqrt{2\pi\sigma^2}} - \sum_1 \frac{1}{2\sigma^2}(y_i - \mathbf{x}_i'\boldsymbol{\beta})^2$$

$$[2.15]$$

此为 Tobit 模型的完整对数似然函数。注意未删截个案之对数似然的加总部分与方程 2.13b 中一般误差回归模型的对数似然函数完全相同。

为举例说明我们所讨论的方法,我们使用模拟数据,其总体为:

$$y_i^* = 1 + 2x_i + \mu_i$$

其中 μ_i 服从均值为 0 标准差为 2 的正态分布。因而总体参数 $\beta = 2$, $\sigma = 2$。从总体中抽取 2000 个个案作为样本,用以估计 β 和 σ。由于此为模拟数据,因而我们可以简单地使用潜在变量 y^* 进行样本回归。则得到估计值 $\hat{\beta} = 2.126$(标准误 $= 0.052$); $\hat{\alpha}$(截距项)$= 0.927(0.053)$ 以及 $\hat{\sigma} = 2.02$。

若从 0 对样本进行删截,则我们定义 y 为:

$$y_i = y_i^* \quad 若 \quad y_i^* > 0$$

$$y_i = 0 \quad 若 \quad y_i^* \leqslant 0$$

在我们的样本中，我们给予 y 472 个 0 值。接着我们使用以下四种方法估计 β 和 σ：

1. 使用所有观测进行 OLS 回归；
2. 使用非零观测进行 OLS 回归；
3. 赫克曼两步骤估计；
4. 最大似然 Tobit 估计。

表 2.2 是 4 个拟合模型的结果，可以看出它们对 β 和 σ 有着不同的估计值。最显而易见的是 Tobit 模型和使用潜在变量进行回归的 OLS 模型（当然，在实际数据中我们因为无法获知 y^* 而不可能进行此项比较）得出了非常近似的结果。而赫克曼两步法提供的结果也比较相近。相反，使用 y 或者大于 0 的部分 y 进行 OLS 回归所得到的结果则远远偏离于总体 β 和 σ 的值。正如我们在第 1 章所指出的，这些估计是有偏的。对于方法 A，当使用所有的 y 值时，其偏误的来源是显而易见的。方程 2.8 和方程 2.9 给出了 y 的非条件期望的正确模型，而 y 对 x 所做回归得出的系数估计与方程 2.9 中得出的部分并不相等，除非对于所有个案都有 $\Phi_i = 1$（因而 $\phi_i = 0$）。但 Φ_i 是某一个案未被删截的概率，由于删截个案总是存在，因而其不可能为 1。所以若方程 2.9 中的系数是无偏的，则方法 1 估计得到的系数是有偏的。

对于方法 2，它仅仅使用正数的 y 值，而方程 2.7 中给出了 $E(y \mid y > 0)$。但该方程却不能用正数 y 对 x 的估计得到，因为它违反了 OLS 回归的两个中心假设——u 的均值为 0，以及 u 和 x 不相关——因而不能保证估计量的无偏性和一致性。此时，$E(\mu_i \mid \mu_i > -\boldsymbol{\beta}\mathbf{x}_i)$ 不等于 0（因为 u 的非条件期望等于 0），相反它会是 $\mathbf{x}_i$ 的函数（Maddala，1983:2）。因此，方法 2 的系数是总体参数 $\boldsymbol{\beta}$ 的有偏估计。正如我们在第 1 章指出的，非删截部分数据的 OLS 回归无法得到无偏参数估计，即使仅仅对总体的未删截部分而言也是如此。

　　现在关注方法 3 和方法 4。注意在赫克曼 probit 模型中，如前文所述 σ 设为 1。然而 probit 和 Tobit 模型的系数皆可用于计算 Φ_i，因此我们期望其结果一致。由于其概率都计算于 $\boldsymbol{\beta}\mathbf{x}_i/\sigma$，因而 Tobit 模型的系数大约应为 probit 模型的 2.022 倍。表 2.2 表明这项关系大致成立，Tobit 模型的系数略小于 probit 模型系数的两倍。

表 2.2　删截数据回归结果（括号中为标准误）

方　　法	估　计　量		
	α	β	σ
(1) OLS(所有样本包括 $y_i = 0$)	1.529 (0.043)	1.681 (0.043)	1.676
(2) OLS(仅 $y_i > 0$)	2.085 (0.060)	1.386 (0.054)	1.704
(3) 赫克曼两步法 probit	0.466 (0.010)	1.084 (0.010)	1.000
回归	0.846 (0.266)	2.174 (0.174)	2.178 (0.456)
(4) Tobit	0.929 (0.059)	2.125 (0.056)	2.022 (0.038)

y^* 对 x 的回归：$E(y_i^*) = 0.927 + 2.126 x_i$
　　　　　　　　　　(0.053)　(0.052)

最后，我们应提早指出赫克曼方法中的第二步 OLS 回归

对 σ 及标准误的估计是不正确的。赫克曼方法能给出 β 的一致性估计,但未能给出 σ 的,并且也不能对其提供渐进一致的标准误。因而我们需对其回归结果进行调整。如第 3 章将描述的,这些调整相当直接。而在删截回归模型中,相对于使用最大似然 Tobit 估计,赫克曼两步估计法不具有任何优越性,尤其是当现在后者已经出现在许多电脑程序中的时候。然而,在下文中,两步模型仍将被广泛地用于处理这类问题。

第 5 节 | Tobit 模型的参数解释

为解释 Tobit 模型的结果,我们可以从四类期望值的角度入手考察其估计参数。它们是:

(1) 潜在变量的期望值。在 Tobit 模型中,它是:

$$E(y_i^* \mid \mathbf{x}_i) = \mathbf{x}_i' \boldsymbol{\beta} \qquad [2.16]$$

(2) 超过删截阈值 c 的估计概率:

$$\mathrm{pr}(y_i > c) = \Phi\left(\frac{\mathbf{x}_i' \boldsymbol{\beta}}{\sigma}\right) \qquad [2.17]$$

(3) 观测值的非条件期望:

$$E(y_i \mid \mathbf{x}_i) = \Phi_i\left(\mathbf{x}_i' \boldsymbol{\beta} + \sigma \frac{\phi_i}{\Phi_i}\right) + (1 - \Phi_i)c \qquad [2.18]$$

(4) 在大于阈值 c 的情况下,观测值的条件期望:

$$E(y_i \mid y > c, \mathbf{x}_i) = \mathbf{x}_i' \boldsymbol{\beta} + \sigma \frac{\phi_i}{\Phi_i} + c \qquad [2.19]$$

分清这四项期望值的区别非常重要。诸如 LIMDEP 和 SHAZAM 等软件的 Tobit 最大似然估计程序输出的 Tobit 系数,都直接与潜在变量 y^* 相关,因而它们表示 x 变量一个单位的变化对潜在变量的期望值的影响。换言之,对于潜在变量,Tobit 模型的 β 可以用类似于 OLS 模型的 β 来解释。

因此这些系数在用于解释(b)(c)(d)时不能采取同样直接的方式。此时变量 x 的一个单位的变化对因变量的影响不能直接由系数 β 给出,因为一旦 x 改变,则 ϕ 和 Φ 也会改变,而它们皆对 $\mathrm{pr}(y_i > c)$、$E(y)$ 或 $E(y \mid y > c)$ 等期望值的表达式有影响,因而其偏导数较难计算。从(1)到(4)的偏导为:

$$\frac{\partial E(y^*)}{\partial x_j} = \beta_j \qquad [2.20a]$$

$$\frac{\partial pr(y > 0)}{\partial x_j} = \phi(z)\frac{\beta_j}{\sigma} \qquad [2.20b]$$

$$\frac{\partial E(y)}{\partial x_j} = \Phi(z)\beta_j \qquad [2.20c]$$

$$\frac{\partial E(y \mid y > 0)}{\partial x_j} = \beta_j \left[1 - z\frac{\phi(z)}{\Phi(z)} - \left(\frac{\phi(z)}{\Phi(z)}\right)^2 \right]$$

$$[2.20d]$$

此处,z 是 $\mathbf{x}_i'\boldsymbol{\beta}/\sigma$ 的值,我们对第 j 个 x 变量求导[7](为方便省去下标 i),则四项偏导的符号都与 β_j 相同。

如前所述,$E(y^*)$ 对 x_j 的偏导即为 β_j。它反映了 y^* 与 x 之间的线性关系(如方程 2.1 所示)。回到本章开始的例子,家庭月收入的系数 β 表示收入的微小变化带来的奢侈品消费倾向的改变程度,对于其他变量,其解释类似。相反,$\mathrm{pr}(y_i > c)$、$E(y)$ 和 $E(y \mid y > c)$ 对 x_j 的偏导则都取决于 z 的值,因而是非线性的。

对于(2),系数 β 的解释与 probit 模型相似,唯一的不同是其用 β 除以 σ。这是因为 σ 和 β 在 probit 模型中不能被分

别估计,但在 Tobit 模型中其估计是可以分开进行的。因此
使用我们的例子,这表示解释变量的微小变化(如收入)对家
庭有奢侈品消费的概率的影响。与 probit 模型的结果相似,
x_j 的变化对概率的影响在概率为 0.5 左右时最大,在概率接
近 0 或 1 时最小(参见 Aldrich & Nelson,1984:43)。这是因
为其偏导等于系数 β 乘以标准正态密度函数 ϕ_i,而 ϕ_i 在相应
概率接近于 0 或 1 时趋向于 0,在相应概率等于 0.5 时取其
最大值。

　　$E(y)$ 的偏导数等于相关系数 β_j 乘以 $\Phi_i(z)$,即某观测值
未被删截的概率。该概率越大,则 $E(y_i)$ 随 x_j 的变化幅度越
大。这显然是合理的,因为若 y_i 超过 c 的概率非常小(即大
部分 y_i^* 小于 c),则 x_{ij} 的微小变化对 $E(y_i)$ 的影响将会很小
甚至没有影响,因为 y_i^* 仍会小于 c,而 y_i 则仍为 0。这项偏
导说明在其他 x 保持不变的前提下,奢侈品消费的观测值随
某一 x 变量的变化而发生的改变。

　　最后,y 大于阈值时的条件期望的偏导,表示某一 x 变量
的变化对那些有奢侈品消费的家庭的消费值的影响。如方
程所示,该偏导等于相关系数 β 乘以括号内的平方项。后者
总是为正,且随 z 的增长而增长。因此那些在奢侈品上消费
较多的家庭与消费较少的家庭相比,其消费额对变量 x 的变
化反应更大。

　　麦克唐纳德和莫非特(McDonald & Moffit,1980)对
Tobit 的偏导形式给出了一项有趣且有用的分解。从方程
2.8 中 y 的期望值出发,他们注意到其对某个 x 变量的偏导
可以写作[8]:

$$\frac{\partial E(y)}{\partial x_j} = \Phi(z)\left(\frac{\partial E(y \mid y > 0)}{\partial x_j}\right) + E(y \mid y > 0)\left(\frac{\partial \Phi(z)}{\partial x_j}\right)$$

$$[2.21]$$

即：

$$= \Phi(z) \times \beta_j \left[1 - z\frac{\phi(z)}{\Phi(z)} - \left(\frac{\phi(z)}{\Phi(z)}\right)^2\right]$$

$$+ \left[\mathbf{x}_i' \boldsymbol{\beta} + \sigma \frac{\phi(z)}{\Phi(z)}\right] \times \phi(z)\frac{\beta_j}{\sigma} \qquad [2.22]$$

他们指出，Tobit 偏导形式中重要的一点，即 y 的总变化量可以被分解为两部分：一是删截阈值之上的观测值的变化，以处于阈值之上的概率加权（方程 2.22 中的第一部分）；二是此项概率的变化，并以其观测值的期望加权。这使得 Tobit 效应的分解成为可能。在奢侈品消费的例子中，我们可以将每一个解释变量的效应分解为两项"次效应"：首先是在家庭有奢侈品消费的前提下，解释变量对消费额的影响；其次是解释变量对具有奢侈品消费的概率的影响。使用模拟数据，我们可以使用样本的 x 均值计算麦克唐纳德和莫非特的分解式，得出以下结果：$E(y)$ 对 x 的导数等于 $\Phi_i(x_i = 0.45513)$，乘以 $\beta(= 2.125)$，则等于1.278。这可以分解为0.532，即由 Φ_i 计算的 $E(y \mid y > 0)$ 的变化；以及 0.746，即由 $E(y \mid y > 0)$ 的均值计算的超过阈值的概率的变化。因而在此例中概率的变化比均值的变化更显著，占 y 的总变化的 58%。感兴趣的读者可以参见麦克唐纳德和莫非特的论文（McDonald & Moffit，1980），其中列举了该分解方法的几项实际运用。

第 6 节 ｜ 一个实际例子

霍诺汉和诺兰（Honohan & Nolan，1993）运用 Tobit 模型研究爱尔兰家庭总财富中金融资产的份额。其样本包含 3089 户家庭，其中 2121 户有金融资产（如股票、债券、储蓄）。他们用家庭总资产（爱尔兰镑）、家庭年收入、家庭位置（城市或农村，以虚拟变量进入模型）、家庭户主性别（虚拟变量，若户主为男性则取值为 1）、户主是否专业技术雇员，以及户主是否自雇佣人员来解释家庭资产中的金融资产比例。其中，家庭总资产被看做二次项，因而其平方也被加入模型。表 2.3 是对 3089 户家庭分别拟合 OLS 和 Tobit 模型得到的结果。

最令人惊讶的是，OLS 回归中家庭总资产及其平方的系数皆为负数，表明金融资产份额随家庭总资产的增加而减少。然而，在 Tobit 模型中此效应消失，两项解释变量的系数在统计上都不显著——这项发现相对更合理。相反，在 Tobit 模型中，收入和专业技术雇员的影响更显著。所有家庭中相对较低的金融资产份额（占总资产的 8%），与房屋资产（占总资产的 55%）和农场（25%）的普及形成了鲜明对比。结果显示：仅仅那些可支配收入相对较高的家庭才会选择投资金融资产。

表 2.3　家庭金融资产比例的影响因素(括号中为 t 值)

自 变 量	方 法	
	OLS	Tobit
常数项	6.26(3.3)	−7.47(2.8)
家庭总资产[a]	−0.69(6.0)	−0.18(1.1)
家庭总资产平方	−0.003(2.5)	0.003(1.6)
家庭收入[b]	0.006(2.5)	0.016(5.3)
城　市	6.14(5.9)	7.35(5.1)
男性户主	4.09(3.0)	3.71(2.0)
专业技术雇员	2.92(2.1)	6.20(3.3)
自雇佣者	−4.56(2.3)	−4.87(1.9)

注:a. 单位是 1 万爱尔兰镑;
　　b. 家庭总的年收入,单位为 100 爱尔兰镑。
资料来源:Honohan & Nolan, 1993:83。

　　表 2.3 中 Tobit 模型的系数应联系潜在变量进行解释,
它表示家庭投资金融资产的倾向或能力。因此,收入的系数
0.016 表示家庭收入一个单位的变化对其金融资产投资选择
的影响。而该变化对实际的金融资产份额观测值的影响则
由方程 2.20c 给出,它取决于其他系数以及家庭在其他变量
上的取值。然而,若我们假设 $\Phi(z)$ 等于有金融资产的观测
概率(2121/3089 = 0.687),则收入对金融资产份额的观测
值的影响相对较小——等于 0.011。这表示投资金融资产的
概率为总体平均值的家庭,在收入发生一个单位变化时金融
资产占有比例的期望变化。它仍然大于 OLS 的偏误及不一
致估计,即 0.006。若使用 OLS 回归,则霍诺汉和诺兰会低
估收入对家庭金融资产投资的影响[9]。

第 **3** 章

选择性样本模型和截断回归模型

　　Tobit 模型的缺点之一，是它假设同一列变量及参数既决定截断的概率，又决定观测因变量的期望值。本章我们将放松这一假设，使模型两步骤中的变量效应可以不同，且由不同的变量分别决定每一步骤。

　　克拉格（Cragg, 1971）的模型弱化了 Tobit 模型的这一中心特征。对后者来说，潜在变量超过阈值 c 的概率表达式为：

$$\mathrm{pr}(y_i^* > c) = \Phi\left(\frac{\mathbf{x}_i'\boldsymbol{\beta}}{\sigma}\right) \qquad [3.1a]$$

而 y^* 关于 x 的期望值为：

$$E(y_i^* \mid \mathbf{x}_i) = \mathbf{x}_i'\boldsymbol{\beta} \qquad [3.1b]$$

克拉格模型保留了方程 3.1b，但将方程 3.1a 替换为：

$$\mathrm{pr}(y_i^* > c) = \Phi(\mathbf{x}_i'\boldsymbol{\gamma}) \qquad [3.1c]$$

　　比较这两项，则影响概率的变量虽然保持不变，但方程的两部分（概率和条件期望）有了不同的系数。假设模型的两步骤相互独立，则这两部分系数可以分开估计。克拉格使用该模型分析汽车的购买行为，认为购买汽车与否的决定和购车花费的决定相互独立。芬恩和施密特（Fin & Schmidt, 1984）提供了另一个例子：建筑物发生火灾的概率是楼龄的正函数，但火灾损失则可能是楼龄的负函数。

第1节 │ **选择性样本模型**

　　选择性样本模型扩展了克拉格的模型,放松其对模型两步骤互相独立的假设。模型的基本思路是:结果变量 y 仅当另一变量 z 满足某种条件时才可被观测。所以此类模型的最简单形式将会包含两个步骤:在第一步中二分变量 $z(=0$ 或 $1)$ 决定 y 是否可被观测,仅当 $z=1$ 时,y 具备观测值;而第二步则是在 y 可被观测到的情况下估计其期望值。

　　以正式形式表示,则令:

$$z_i^* = \mathbf{w}_i' \alpha + e_i \qquad [3.2a]$$

$$z_i = 0 \quad 若 \quad z_i^* \leqslant 0$$

$$z_i = 1 \quad 若 \quad z_i^* > 0$$

$$y_i^* = \mathbf{x}_i' \boldsymbol{\beta} + u_i \qquad [3.2b]$$

$$y_i = y_i^* \quad 若 \quad z_i = 1$$

$$y_i \text{ 无观测} \quad 若 \quad z_i = 0$$

用语言表达则是:我们观测到一个虚拟变量 z,它是潜在连续变量 z^* 的显现,而潜在变量 z^* 的独立误差项 e 服从正态分布,并且均值为 0,方差为 σ_e^2。当 $z=1$ 时我们可以观测到 y,而 y 是第二个潜在变量 y^* 的显现,其独立正态分布误差项 u 的均值为 0,方差为 σ_u^2。两个误差项的相关系数为 ρ。因此,

u 和 e 的联合分布是二元正态的。而两组解释变量 w 和 x 并不必须互不相交，在某些实际运用中，它们可能是同一组变量。若 ρ 被假设为 0，则我们得到克拉格模型。

在实际情况下，误差项之间的相关，通常被认为是由于方程 3.2a 和方程 3.2b 中共同省略了某一变量。例如我们关注脱离失业状态的人群的收入。模型的选择方程关注脱离失业状态的概率，而结果方程则以已脱离失业状态的人群的收入，或收入的转换函数为因变量。存在同时影响这两步的相关变量，例如"动机"。那些内在动机强烈的人更容易脱离失业状态，同时也更容易获得高收入。但由于其难以测量，所以不被纳人模型。这可能会导致两个误差之间的相关系数不为 0。

但这种理解却是不正确的。相反，我们应将相关性看做模型内在的固有特质。换言之，不仅仅是对样本而言，即忽略测量 x 和 w①中的某个共同变量的情况，即使对总体的理论模型而言，我们依然假设 ρ≠0。因此任何导致 u 与 e 相关的因素都是内在不可测的。如伯克和雷所言（Berk & Ray, 1982:383）："即使模型被完美拟合，两项误差仍具共变性。两个模型在本质上受到相同的随机干扰（或共变的随机干扰）。"

选择性样本模型被大量用于许多社会科学研究中。[10]若考虑得足够深入，则在任何社会科学数据中都能发现潜在的样本选择过程。如成年人口的随机样本实际上仅仅是出现在抽样框中的成年人总体的随机样本，若抽样框为选民手册，则那些未注册选民资格的成年人将不被抽样。那么这是

---

① 原文为 x 和 z。——译者注

否意味着我们应该修正模型估计中的一切偏误呢？一般而言，回答是否定的，除非我们强烈怀疑未注册人口的非随机性。但在 19 世纪 80 年代晚期至 90 年代早期，这种情况确实存在。对选民统一征收人头税的举措，使不注册行为更容易发生在相对贫困的人群中。我们需要对样本选择过程是否具有影响作出判断，而在某些情况下，我们可以对其忽略不计。

方程 3.2 展示的结构问题在于：使用 $z=1$ 时的观测值简单对 y 进行 $\mathbf{x}$ 上的回归，所得到的 $\boldsymbol{\beta}$ 估计量不仅不一致，而且有偏（我们将在下文证明其原因）。再一次地，解决这一问题需采用两个步骤。第一步是估计个案被选择的概率，或者说是对虚拟变量 z 进行变量 $\mathbf{w}$ 上的估计。再在个案被选择的前提下，估计变量 y 的期望值。这是在变量 $\mathbf{x}$ 上对 y 的估计，并会修正 y 仅在 $z=1$ 时才有观测值的问题。

我们用赫克曼方法拟合该两步模型。使用所有个案，probit 模型估计 $z=1$ 的概率，则得到系数 $\boldsymbol{\alpha}$ 为：

$$\mathrm{pr}(z_i=1)=\Phi(\mathbf{w}_i'\boldsymbol{\alpha})$$

由于 probit 模型中 α 和 σ_e 不能分开估计，我们假设 $\sigma_e=1$。

在第二步中，我们估计 $z=1$ 时，向量 $\mathbf{x}_i$ 决定的 y 的条件期望值。该步骤的推演过程与 Tobit 模型类似（方程 2.5a、方程 2.5b 及方程 2.6）。

$$E(y_i\mid z=1,\ \mathbf{x}_i)=\mathbf{x}_i'\boldsymbol{\beta}+E(u_i\mid z_i=1)\quad[3.3a]$$

$$\mathbf{x}_i'\boldsymbol{\beta}+E(u_i\mid e_i>\mathbf{w}_i'\boldsymbol{\alpha})$$

为计算方程 3.3a 中的 u 条件期望，我们引用另一统计理论的结果。该结果说明：二元分布中一个变量在以另一变量

被删截时,其期望值为:

$$E(u_i \mid e_i > \mathbf{w}_i'\boldsymbol{\alpha}) = \rho \sigma_e \sigma_u \frac{\phi(\mathbf{w}_i'\boldsymbol{\alpha})}{\Phi(\mathbf{w}_i'\boldsymbol{\alpha})} \qquad [3.3\mathrm{b}]$$

该方程比 Tobit 模型中的更复杂,因为此时我们不再计算 u 本身超过某特定值的条件期望,而是根据另一变量 e 的取值来计算条件期望。将方程 3.3b 代入方程 3.3a,可得:

$$E(y_i \mid z = 1, \mathbf{x}_i) = \mathbf{x}_i'\boldsymbol{\beta} + \rho \sigma_e \sigma_u \frac{\phi(\mathbf{w}_i'\boldsymbol{\alpha})}{\Phi(\mathbf{w}_i'\boldsymbol{\alpha})} \qquad [3.3\mathrm{c}]$$

为了估计这一模型,我们首先使用 probit 模型的结果,对 $z = 1$ 的子样本计算 $\frac{\phi_i}{\Phi_i}$(逆米尔斯比率,用 λ_i 表示),然后对于相同的子样本,我们对 y 使用 $\mathbf{x}_i$ 和估计的 λ_i 进行 OLS 回归:

$$E(y_i \mid z = 1, \mathbf{x}_i) = \mathbf{x}_i'\boldsymbol{\beta} + \theta \hat{\lambda}_i \qquad [3.4]$$

以得出 β 和 θ 的估计值。θ 是 ρ 乘以 σ_u 的估计量,由于 $\sigma_e = 1$,所以它等于 u 和 e 的协方差(σ_{ue}):

$$\theta = \rho \sigma_u = \frac{\sigma_{ue}}{\sigma_u \sigma_e} \sigma_u = \sigma_{ue}$$

讨论这些模型是为了获得 x 对 y 的效应的好的估计。所以如果我们简单地使用观测到的个案,并对 y_i 使用 $\mathbf{x}_i$ 进行回归,则方程 3.4 表明:向量 $\boldsymbol{\beta}$ 的估计一般是有偏的,因为变量 λ 被省略了。因而样本选择性偏误问题在这个意义上等同于模型的错误设定问题,即忽略了某项自变量。然而在两种情况下 OLS 参数 $\boldsymbol{\beta}$ 也是无偏的:

1. 若 $\rho = 0$，则表示方程 3.4 中的 θ 为 0，因而其可化简为一般的 OLS 回归式。这是选择和结果过程相互独立的情况。

2. 若参数 λ 和某一 x 变量（如 x_k）之间的相关系数为 0，则该变量的 OLS 回归系数 β_k 是无偏的。这遵循遗漏变量对 OLS 回归的影响。若遗漏变量为 λ，则参数 β_k 的偏误等于 x_k 和 λ 之间的相关系数乘以参数 θ。若相关系数为 0，则偏误亦为 0（见 Johnston，1972：168—169；Kmenta，1971：393—394）。

在第 2 章讨论删截回归的两步骤模型时，我们已经说明结果模型中系数的标准误和 σ 的估计都是不正确的。现在的模型同样如此。调整 σ_u 的估计相对容易。定义 $\delta_i = -\lambda_i(z_i + \lambda_i)$，其中 $z_i = \mathbf{w}_i'\boldsymbol{\alpha}$。令 s_u 表示赫克曼方法第二步回归中 σ_u 的错误估计，而 S 表示回归的离差平方和：

$$S = \sum_1 (y_i - \hat{y}_i)^2$$

其求和符号表示对所有 $z = 1$ 的个案求和。而 σ_u 的正确渐进估计为：

$$\hat{\sigma_u} = \frac{1}{N}\left(S - \hat{\theta}^2 \sum_{i=1}^N \delta_i\right)^{1/2} \qquad [3.5]$$

其中 N 是 $z = 1$ 的样本个数，θ 是 λ 的估计回归系数（Greene，1990：744—745；Heckman，1979：157）。

标准误之所以错误，是由于两个原因：模型 3.4 是异方差的，并且使用 λ 的估计值而非 λ 本身，导致系数 β 的标准误需要考虑 λ 的估计误差。而不幸的是误差标准误（OLS）既可大于亦可小于其正确值，因此不能被用做真实标准误的下界。因此，β 和 σ_u 的正确协方差矩阵 V 为：

$$\mathbf{V}= \sigma_u^2(\mathbf{X}^{*\prime}\mathbf{X}^*)^{-1}\big[\mathbf{X}^{*\prime}(\mathbf{I}-\rho^2\mathbf{\Delta})\mathbf{X}^*$$
$$+\rho^2(\mathbf{X}^*\mathbf{\Delta W})\mathbf{\Sigma}(\mathbf{W}'\mathbf{\Delta X}^*)\big](\mathbf{X}^{*\prime}\mathbf{X}^*)^{-1} \qquad [3.6]$$

参数估计的标准误由矩阵 $\mathbf{V}$ 的对角线的平方根给出。此处 $\mathbf{X}^*$ 是矩阵 $[\mathbf{x}:\lambda]$；$\mathbf{W}$ 是 probit 中解释变量的矩阵；$\mathbf{\Delta}$ 是对角线为 δ_i、其他为 0 的矩阵；$\mathbf{I}$ 为单位矩阵；而 $\sum$ 则是 probit 参数的渐进协方差矩阵。对 ρ 进行估计，有：

$$\hat{\rho}=\frac{\hat{\theta}}{\hat{\sigma}_u} \qquad [3.7]$$

因此，标准误的修正需要一些矩阵操作（Greene，1981）；而一些软件包如 LIMDEP（Greene，1991）则可自动进行这类修正。

模型也可使用最大似然估计，但我们需要定义似然函数。令 $\Phi_i=\Phi(w_i'\alpha)$，则所有 $z=0$ 的个案对似然值的贡献为 $1-\Phi_i$，而 $z=1$ 的个案的贡献为：

$$\Phi_i\times\frac{1}{\sigma}\phi(y_i\mid z_i=1) \qquad [3.8]$$

其中 σ 是 y^* 在 $z=1$ 时的标准差，而 $\phi(y_i\mid z_i=1)$ 是 $z=1$ 时 y^* 的条件密度函数。则方程 3.8 实为被选择概率乘以选择样本中 y 的条件密度的表达式。我们需要做进一步的处理以使其更易操作。这超出了本书的范围，但雅美米亚（Amemiya，1984：31—32）证明方程 3.8 可以写作：

$$\Phi\left[\frac{\mathbf{w}'_i\boldsymbol{\alpha}+\rho\left(\dfrac{y_i-\mathbf{x}'_i\boldsymbol{\beta}}{\sigma_u}\right)}{(1-\rho^2)^{1/2}}\right]\times\frac{1}{\sigma_u}\Phi\left(\frac{y_i-\mathbf{x}'_i\boldsymbol{\beta}}{\sigma_u}\right) \qquad [3.9]$$

加入 $z=0$ 的个案的表达式,并取其对数形式,则对数似然函数为:

$$L=\sum_0\log(1-\Phi_i)+\sum_1\log\frac{1}{\sqrt{2\pi\sigma_u^2}}-\sum_1\frac{1}{2\sigma_u^2}(y_i-\mathbf{x}'_i\boldsymbol{\beta})^2$$

$$+\sum_1\log\Phi\left[\frac{\mathbf{w}'_i\boldsymbol{\alpha}+\rho\left(\dfrac{y_i-\mathbf{x}'_i\boldsymbol{\beta}}{\sigma_u}\right)}{(1-\rho^2)^{1/2}}\right] \qquad [3.10]$$

　　似然函数的作用之一,是告诉我们在何种情况下模型可以得到简化。注意如果 $\rho=0$,则方程 3.10 可以分为两个部分:一个是关于被选中概率的 probit,另一个则是对被选中子样本的期望 y 值的 OLS 回归。而由于这两部分并不存在共同参数,所以它们可以分开估计。这表明:若 e 和 u 之间不存在残差相关性,则令简单 OLS 回归是合适的。因此,与其说 y 仅对一个选择性样本存在观测值估计困难,倒不如说是由于选择的非随机性而导致估计困难。

　　现在我们有三种可能的方法来分析选择性样本数据:简单 OLS 回归、赫克曼两步估计以及最大似然估计。其中 OLS 回归的估计量既有偏误,也不具有一致性(参见本书第 2 章)。而最大似然估计在满足合适条件的情况下(方程 3.2a 和方程 3.2b)是渐进无偏和渐进正态分布的,且它会比两步估计更有效。鉴于以上原因,且由于最大似然估计程序的普及,它已成为该模型常用的拟合方法。

例如我们有与方程 3.2a 和方程 3.2b 所描述的结构相同的数据,在其总体中,

$$y_i^* = 1 + 2x_i + u_i \qquad [3.11a]$$

$$z_i^* = 1 + 2w_i + e_i \qquad [3.11b]$$

且有:

$$z_i = 0 \quad 若 \quad z_i^* \leqslant 0$$

$$z_i = 1 \quad 若 \quad z_i^* > 0$$

$$y_i = y_i^* \quad 若 \quad z_i = 1$$

$$y_i \quad 无观测 \quad 若 \quad z_i = 0$$

其中:

$$\sigma_e \sim N(0, 1); \sigma_u \sim N(0, 1.8028); \rho_{e,u} = 0.8321$$

设定 x 和 w 的相关系数为 0.2425。从总体中抽取 2 000 个个案作为随机样本,用以估计参数 α(方程 3.11a 的截距项)、β、σ_u 和 ρ。表 3.1 是使用各种方式得出的估计结果。

表 3.1 选择性样本模型估计结果:模拟数据(括号中为标准误)

方 法	估 计 量			
	α	β	σ_u	ρ_{uw}
OLS (z = 1 时)	1.2316 (0.0527)	1.9077 (0.0537)	1.7738	
赫克曼两步法 (未修正)	1.0262 (0.0570)	1.9620 (0.0527)	1.7252	0.7266
赫克曼两步法 (修正)	1.0262 (0.0585)	1.9620 (0.0529)	1.7870	0.7014
最大似然法	1.0035 (0.0552)	1.9801 (0.0522)	1.7889 (0.0384)	0.7626 (0.0435)

　　表格的第一行是使用 1173 个有具体 y 值的被选择个案进行 OLS 回归的结果,其中不含有 ρ 的估计,因为此时它被假设为 0。第二行和第三行都是赫克曼两步估计的结果,其中第三行提供了修正的标准误及估计的 σ。在这两行中,ρ 都如方程 3.7 所示计算。最后一行则是最大似然估计。显而易见,两步估计和最大似然估计皆给出了与总体真值相当接近的 α 和 β,且修正两步估计和最大似然方法都改善了 σ_u 和 ρ 的估计。然而最大似然估计提供了比两步模型更小的标准误。综合四个参数而言,最大似然法提供了最好的估计结果。在第 5 章,我们将详细讨论这是否为一种必然情况。

第 2 节 ┃ 参数解释

　　和 Tobit 模型类似,该模型的参数估计量也可使用多种方法进行解释。

　　1. 某个案被选择进入子样本①的概率由模型 probit 部分的系数提供。在最大似然估计中,它们是与其他系数共同估计的。

$$\mathrm{pr}(z_i^* > 0) = \mathrm{pr}(z_i = 1) = \Phi(\mathbf{w}_i' \boldsymbol{\alpha}) \qquad [3.12a]$$

此概率对某个 **w** 变量 w_k 的导数为(为方便起见省略下标 i):

$$\frac{\partial \mathrm{pr}(z = 1)}{\partial w_k} = \phi(g) \alpha_k \qquad [3.12b]$$

其中 g 表示 $\mathbf{w}_i' \boldsymbol{\alpha}$ 的具体值。

　　2. 潜在变量 y_i^* 的期望值为:

$$E(y_i^* \mid x_i) = \mathbf{x}_i' \boldsymbol{\beta} \qquad [3.13a]$$

而其对某一 x 变量 x_k 的导数即为 β_k。注意它并不是对观测值 y 的边际效应的估计,而是对总体期望值的边际效应的估计。

　　3. 选择性样本中 y 的期望值为:

---

① 原文为样本。——译者注

$$E(y_i \mid z = 1, \mathbf{x}_i) = \mathbf{x}_i' \boldsymbol{\beta} + \rho \sigma_u \hat{\lambda} \qquad \text{[3.14a]}$$

而 y 对 x_k 的导数是：

$$\frac{\partial E(y \mid z = 1)}{\partial x_k} = \beta_k - \alpha_k \rho \sigma_u \left[g \frac{\phi(g)}{\Phi(g)} - \left(\frac{\phi(g)}{\Phi(g)} \right)^2 \right]$$

$$\text{[3.14b]}$$

该方程与 Tobit 模型中的方程 2.20d 非常类似，唯一的不同是它包含系数 α_k，用以量化 x_k 对被选择概率的影响。在 x_k 既属于变量 $\mathbf{w}$ 也属于变量 $\mathbf{x}$ 时，该部分显然是相关项。若情况并非如此，例如我们的模拟数据，则其对 y 的影响即为 β_k。若情况如此，则其对 y 的影响可分为两部分：直接影响 β_k，以及间接影响，它是由于 x_k 的变化同时改变着 λ 的估计值而造成的。由于在方程 3.14b 中，$\rho \sigma_u \{ g [\phi(g) / \Phi(g)] - [\phi(g) / \Phi(g)]^2 \}$ 的值总是为正，因此两项效应的方向不同。所以若问题变量确实对选择概率和结果的期望值皆有正影响，则忽略导数的第二项会夸大其对 y 的影响。

观测变量 y 的非条件期望可以由 Tobit 系数作出解释，但却不适合于选择性样本模型。在 Tobit 模型中，它包括所有固定在删截值上的 y，但在选择性样本数据中，对于未被选择的个案，我们对 y 的值没有任何信息。

第 3 节 ｜ 一些实际问题

　　删截数据和选择性样本数据的分析方法并非不存在任何问题，在第 5 章我们会详细论述这一点。另外还有一些实际问题值得我们注意。首先是模型辨识问题。如前文所述，有些赫克曼两步估计在选择和结果机制的估计中均使用同一组解释变量，而另外一些估计则会在结果机制中使用包含所有选择机制解释变量的某组变量。在这种情况下，结果模型的参数仅仅由于 probit 模型的非线性特征才可辨识。若模型是线性的，则由于误差项之间的非零相关，模型不会被识别。在两步骤模型中这更为显而易见：如果所有的 w 变量同样出现在 $\mathbf{x}$ 中，而选择模型是线性的，则 λ 的估计为部分 x 变量的线性函数。但一般而言，依赖 probit 的非线性去进行模型辨识是不可靠的。更好的办法是对系数做某些限制，如规定选择步骤中的一个变量对结果变量并无影响。尽管我们需要根据分析中的概念模型来决定哪项限制更合适，但这会保证模型辨识的可能性。在实际例子中，依赖 probit 的非线性会使我们难以辨识估计参数，从而导致估计的不稳定性。例如在上面的模拟数据中，若以 x 代替方程 3.11 中的 w，则在修正两步骤估计中，参数 α、β 和 θ 之间的样本相关约为 0.8。考察模型参数估计间的相关性是明智的。若模型辨识依赖于 probit 的非线性,则这项考察就显得更为重要。

　　两步骤模型的另一个问题是关于 ρ 的估计。由于它是两个值的比率,如方程 3.7 所示,则我们不能保证其一定落入 -1 到 1 的区间。我们必须仔细检验模型是否存在任何可能的错误设定问题。

第 4 节 | 实证例子

最大似然方法在选择性样本模型中的使用远远少于赫克曼两步骤方法。但哈根和帕克(Hagan & Parker，1985)却给我们提供了一个相当好的例子。他们观察对白领工人罪犯判刑的严重程度(用 11 个数字表示不同的严重程度)的影响因素。其中选择性偏误在于：他们的样本包含所有被受理的嫌疑人，而其中仅有 63％被宣告认罪并获刑。在是否被定罪的概率模型中，哈根和帕克的 probit 模型包含 10 个解释变量，其中仅有 3 个显著(Hagan & Parker，1985:309)。在结果方程中，他们使用了完全相同的解释变量。在不修正选择性偏误时，仅有"受理方式"这一变量显著，其对判刑严重程度有很强的正影响(系数为 3.307，标准误为 0.402)。当在结果方程中加入逆米尔斯比率时，许多系数都改变了方向，但仍不显著。变量"受理方式"的系数基本不变(为 3.452，标准误为 0.443)，而逆米尔斯比率本身也不显著，其标准误与系数大小类似(为－2.905，标准误为 2.306)。加入逆米尔斯比率的最大影响是将常数项由 8.63 改变为5.14。哈根和帕克由此得出结论："仅观察那些最后定罪的案件并不会使我们的数据分析产生偏误。"(Hagan & Parker，1985:309)

这类在结果方程中包含逆米尔斯比率，但却发现其影响不大，或者逆米尔斯比率的系数（即 u 和 e 的协方差）本身就不显著的例子并不罕见（Allison & Long, 1987；England, Farkas, Kilboune & Dou, 1988；Sanders & Nee, 1987）。相反的例子如对男女收入决定因素的研究（Tienda, Smith & Ortiz, 1988），其中逆米尔斯比率的估计非常显著。此处选择性偏误的出现是由于研究使用了美国人口普查 1970 年和 1980 年样本中工资或薪金收入不为 0 的子样本。在该研究中，probit 等式中包含 15 个解释变量，其中大部分都是显著的（Tienda et al., 1988:208）。而结果方程中包含 12 个解释变量，其中仅有 5 个与 probit 等式相同。无论男性或是女性，其逆米尔斯比率变量的参数估计都很显著，因而即使他们未给出修正后的结果方程，该研究仍表明：不对样本选择性偏误进行纠正，将会导致参数估计的偏误。

比较这些研究，我们看到选择性偏误在判刑严重程度的模型中并不成问题，而在收入模型中则确实需要解决。但这一相反的结论亦可能是因为后者 probit 模型中自变量的解释力度大于前者，或是因为在廷达等人（Tienda et al.）的研究中并不依赖于 probit 的非线性进行模型辨识。我们将在第 5 章详细讨论这一问题。

第 5 节 ｜ 截断回归模型

　　在删截数据和选择性样本数据中,虽然在不满足某种条件的情况下,我们缺乏个案的 y 值信息,但对于所有个案,我们都有关于解释变量的全面信息。因此我们称变量 y 本身是截断的,但其样本却分别是删截的或选择性的。相反,若在不满足条件的个案中,我们不仅缺少关于 y 值的信息,同时也没有解释变量的信息,则样本是截断的。此时两步骤估计不再适合,因为我们缺少可用于分析第一步骤,或称选择步骤的数据。但我们仍然试图拟合结果模型,如下所示:

$$y_i^* = \mathbf{x}_i' \boldsymbol{\beta} + u_i \qquad [3.15]$$

其中 $u \sim N(0, \sigma^2)$。在我们的样本中,仅当 $y_i^* < c$ 时,我们可观测到 $y(= y^*)$。若 y 是收入,则 c 可能为收入的贫困线。因而我们需要估计:

$$E(y_i \mid y_i < c, \mathbf{x}_i) = E(y_i \mid u_i \leqslant c - \mathbf{x}_i' \boldsymbol{\beta}) \qquad [3.16]$$

使用附录 1 中的结果,则:

$$E(y_i \mid y_i < c, \mathbf{x}_i) = \mathbf{x}_i' \boldsymbol{\beta} - \sigma \frac{\phi_i(m)}{\Phi_i(m)}$$

$$= \mathbf{x}_i' \boldsymbol{\beta} - \sigma \hat{\lambda}_i(m) \qquad [3.17]$$

其中 $m = \dfrac{c - \mathbf{x}_i' \boldsymbol{\beta}}{\sigma}$

从方程 3.17 可知,若忽略截断,仅对 y 以 $\mathbf{x}$ 做回归,则由于未考虑 λ, $\boldsymbol{\beta}$ 的估计也是有偏的。然而,在前文的两步骤模型中,我们可以从 probit 模型得到逆米尔斯比率的估计值,并将其作为一个新的变量加入结果方程中;但现在我们却没有信息去做这样的估计。因而两步骤方法不再适合,可行的方法是最大似然估计。确实,该模型的对数似然简单地包含 Tobit 对数似然中关于未删截个案的部分,我们有该部分的信息。未删截的个案对 Tobit 模型中对数似然函数的贡献可分为两部分:未删截的概率(现在我们不能估计),以及方程 2.14c 中截断的正态分布的密度函数。这即为我们会使用的部分。我们用 $\Phi_i(m)$ 代替该式中的 Φ_i,从而得到以下似然值:

$$\prod \frac{1}{\sigma} \frac{\phi\left[(y_i - \mathbf{x}_i'\boldsymbol{\beta})\right]}{\Phi_i(m)} \qquad [3.18]$$

由此,可得到对数似然函数:

$$L = \sum \log \frac{1}{\sqrt{2\pi\sigma^2}} - \sum \frac{1}{2\sigma^2}(y_i - \mathbf{x}_i'\boldsymbol{\beta})^2$$
$$- \sum \log \Phi\left(\frac{c - \mathbf{x}_i'\boldsymbol{\beta}}{\sigma}\right) \qquad [3.19]$$

其中 c 不一定为常数。我们可以对其添加下角标 i,以表明它在各个个案中可以不同。

截断回归模型较之删截模型和选择性样本模型都更不常见。它通常被用于一些特殊种类的抽样结构。若我们仅对低收入家庭,或者贫困线以下家庭进行抽样,则我们会得到关于家庭收入的截断样本。豪斯曼与怀斯(Hausman & Wise,1997)的著作给出了这类研究的著名例子。

我们再次使用模拟数据，以举例说明该模型。假设父母社会经济地位与子女大学入学考试成绩 y 的关系方程为：

$$y_i = 75 + 1.5x_i + u_i \qquad [3.20]$$

其中 x 为父母社会经济地位，u 服从均值为 0、标准差为 25 的正态分布。我们有 350 名大学生的样本数据，由于大学入学考试的最低录取分数线为 125，因此该数据是左截断的。若忽略这项截断，直接对样本进行简单 OLS 回归，则我们得到 α、β 和 σ 的估计值分别为 102.60(3.36)、1.157(0.05)、22.545(括号中为标准误)。这些估计量既有偏且不一致，并且它们的值皆与(模拟数据中的)总体真值有不小差距。然而，以等式 3.19 中的对数似然函数进行截断回归估计，则得出 α、β 和 σ 的估计值分别为 72.43(6.36)、1.514(0.08)以及 25.721(1.294)，都与其真值非常接近。

截断回归模型中的 β 估计量常用于偏导数解释。它表示当 x 的值发生微小变化时，变量 y 的期望值改变。由于方程 3.20 概括了总体，因而 β 的解释并不只对 y 超过阈值的那部分有效，而是适用于整体。

第 *4* 章

基本模型的扩展

删截模型和选择性样本模型相对容易扩展。例如我们考虑结果方程中的因变量为二分变量，而不再是连续变量的情况。假设我们希望研究离婚，由于样本中不是每个个体都曾结婚，因而有些个案并不具备离婚风险，从而构成潜在的选择性偏误。则选择模型处理一个二分变量，其取值分别表示曾结婚与未结婚。而结果模型则关注曾结婚的人群，考察其离婚的概率。另一项可能的模型扩展出现在结果的测量既存在于被选择样本，又存在于未被选择样本的情况。如对劳动力市场项目的评估研究，我们不仅有参与项目的人群的收入信息，也有未参与项目的人群的收入信息。

类似地，我们可以使用更加精细的选择模型。在研究中我们常常会发现，社会过程往往是一系列的连续选择，而参与这一过程的世代在选择序列中人数逐渐减少。教育便是一例：在教育体系的任何一点都有学生退出，因而那些停留至最高阶段，即博士学位的，仅仅只是 4 岁或 5 岁入学时的世代中的很小一部分。同样的道理也适用于刑事司法程序：在所有被逮捕的嫌疑人中，仅有一部分会被受理，而在被认定有罪的人中，也仅有一部分会被判监禁。若结果变量（如被判监禁的时间）出现在这类过程的末端，则应使用一系列连续的样本选择过程对其进行概念化,而最终的步骤或者是某删截变量,或者是选择性样本的结果变量。

因变量的删截性和(或)样本选择性涉及的可能模型范围非常广泛。有时这些扩展模型可以用两步骤方法估计(Amemiya, 1979; Maddala, 1983:第 6 章及第 8 章),而有些则更为复杂。最大似然估计常常是更合适的方法,因为它具备一系列两步骤估计所没有的良好属性。然而,即使我们能够写出任何复杂的选择性样本及删截模型的对数似然函数,由于现实条件的限制,也很难对其参数进行估计。例如,我们可以写出一个三次或更高次的对数似然函数,但却找不到可用的程序。另外,Tobit 对数似然为严格凹函数,因此只有一个最大值,但对非标准化的似然函数来说,情况并不总是如此。它可能存在局部最大值,从而导致估计最后收敛至非最大似然的危险。在某些特殊情况下,对数似然函数会相对平坦,从而使得收敛过程缓慢,导致参数估计的不稳定性。因而,我们应当谨慎地使用这类方法,从不同起始值进行多元估计,从而避免局部最大值问题;还应小心参数估计剧烈变动或对数似然函数高度非单调的情况(Eliason, 1994:45)。

本章将集中讨论两类扩展模型。一类是选择过程中因变量有多个阈值的删截模型。我们将看到,此类模型证明了删截回归和其他重要计量模型的紧密联系,如研究定序因变量的定序 probit 模型。第二部分将处理一个我们在第 1 章中已初步接触过的问题,考虑选择过程和结果过程并不顺序发生的情况。它们被看做同时内生于某一特殊过程,是共同发生的。

第 1 节｜多重阈值的选择过程

在基本删截模型中（Tobit），仅存在一个阈值 c，它对所有个案都为同一常数。然而在第 3 章关于截断回归模型的论述中我们看到：c 也可被看做在不同个案间变化的变量。这只会给对数似然函数带来微小的改变。而模型可以扩展为使用两个到多个阈值。例如，我们仅在变量落入上下极限之间时才可观测到其具体值。日用品贸易（Maddala，1983：160—161）就是这样一个例子，其价格变化的日常范围意味着我们只能观测到潜在变量 y^* 的双重截断部分。又如仅被允许在事先决定的范围（欧洲汇率机制）内变动的汇率，若假设 y^* 为两种货币间的潜在汇率，则我们仅能观测到其落入汇率限制中的部分。

一般而言，我们有：

$$y_i^* = \mathbf{x}_i' \boldsymbol{\beta} + u_i \qquad [4.1]$$
$$u_i \sim N(0, \sigma^2)$$

并且：

$$y_i = y_i^* \quad 若 \quad c_1 \leqslant y_i^* \leqslant c_2$$
$$y_i = c_1 \quad 若 \quad c_1 > y_i^*$$
$$y_i = c_2 \quad 若 \quad c_2 < y_i^* \qquad [4.2]$$

此时似然函数有三个部分。一是潜在变量在低阈值 c_1 之下的个案,其贡献为变量不超过该阈值的概率;二是超出高阈值 c_2 的个案,其贡献为变量超过该上限的概率;其三是我们有 y 的具体取值的个案,其贡献等于落入阈值之间的概率乘以 y^* 的条件密度函数。再次使用附录 1 的结论,则潜在变量 y_i^* 超过阈值 c_m 的概率为:

$$
\begin{aligned}
pr(y_i^* > c_m) &= pr(\mathbf{x}_i' \boldsymbol{\beta} + u_i > c_m) \\
&= pr(u_i > c_m - \mathbf{x}_i' \boldsymbol{\beta}) \\
&= 1 - \Phi\left(\frac{c_m - \mathbf{x}_i' \boldsymbol{\beta}}{\sigma} \right)
\end{aligned}
$$

令:

$$
\Phi\left(\frac{c_m - \mathbf{x}_i' \boldsymbol{\beta}}{\sigma} \right) = \Phi_i(c_m)
$$

以简化方程。在本章中,我们将一直使用该缩略形式。

则 $y_i^* > c_1$ 的概率为 $1 - \Phi(c_1)$,$y_i^* < c_2$ 的概率为 $\Phi(c_2)$。这两项表达式都将出现在对数似然函数中。仅当 y^* 在两个阈值之间时,我们可以确切观测 y^*。则其概率为 $y_i^* < c_2$ 的概率减去 $y_i^* < c_1$ 的概率,即:

$$
pr(c_1 \leqslant y_i^* \leqslant c_2) = \Phi_i(c_2) - \Phi_i(c_1)
$$

对这些个案,我们也需要知道 y^* 的条件密度函数,其分母同上述方程。因而在化简后,那些 y^* 可被精确观测的个案,其贡献与在简单 Tobit 模型中一样。因此,完整的对数似然函数为:

$$
\begin{aligned}
L = \sum_{y_i = c_1} \log[\Phi_i(c_1)] &+ \sum_{y_i = c_2} \log[1 - \Phi_i(c_2)] \\
&+ \sum_{y_i = y_i^*} \log \frac{1}{\sqrt{2\pi\sigma^2}} - \sum_{y_i = y_i^*} \log \frac{1}{2\sigma^2} (y_i - \mathbf{x}_i' \boldsymbol{\beta})^2 \quad [4.3]
\end{aligned}
$$

该对数似然函数与普通 Tobit 模型十分类似。我们可以根据模型计算四项有用的期望值。首先是 y 在两个阈值之间的条件期望：

$$E(y_i \mid c_1 \leqslant y_i \leqslant c_2) = \mathbf{x}_i'\boldsymbol{\beta} + E(u_i \mid c_1 - \mathbf{x}_i'\boldsymbol{\beta} \leqslant u_i \leqslant c_2 - \mathbf{x}_i'\boldsymbol{\beta})$$

$$= \mathbf{x}_i'\boldsymbol{\beta} + \sigma_u \left[\frac{\phi_i(c_1) - \phi_i(c_2)}{\Phi_i(c_2) - \Phi_i(c_1)} \right] \qquad [4.4a]$$

在前文汇率的例子中，该项表示在变动幅度之内汇率的条件期望值。该方程使用双重截断的随机正态分布变量的标准统计结果。为得出 u 的条件期望，我们回忆附录 1 中单边截断变量的条件期望为：

$$E(u_i \mid u_i \leqslant c - \mathbf{x}_i'\boldsymbol{\beta}) = \sigma \frac{-\phi_i(c)}{\Phi_i(c)}$$

由于 $c_2 - \mathbf{x}_i'\boldsymbol{\beta}$ 大于 $c_1 - \mathbf{x}_i'\boldsymbol{\beta}$，于是：

$$\mathrm{pr}(c_1 - \mathbf{x}_i'\boldsymbol{\beta} \leqslant u_i \leqslant c_2 - \mathbf{x}_i'\boldsymbol{\beta})$$

$$= \mathrm{pr}(u_i \leqslant c_2 - \mathbf{x}_i'\boldsymbol{\beta}) - \mathrm{pr}(u_i \leqslant c_1 - \mathbf{x}_i'\boldsymbol{\beta})$$

$$= \Phi_i(c_2) - \Phi_i(c_1) \qquad [4.4b]$$

这即为双重截断变量 u 的条件期望的分母，分子为：

$$\sigma\{-\phi_i(c_2) - [-\phi_i(c_1)]\}$$

将分子分母组合，并重新整理，则得到方程 4.4a 中的后半部分。

扩展方程 1.1，可得到 y 的非条件期望：

$$E(y_i) = \mathrm{pr}(y_i = c_1)c_1 + \mathrm{pr}(y_i = c_2)c_2$$

$$+ \mathrm{pr}(c_1 \leqslant y_i \leqslant c_2) \times E(y_i \mid c_1 \leqslant y_i \leqslant c_2)$$

用语言表达则是：观测值 y 的期望值等于其三类个案（y 等于

两个极限,或 y 落入这两者之间)的条件期望以概率加权后的总和。在例子中它即为观测汇率的期望。

由于该表达式的最后一部分与方程 4.4a 相同,则化简后可得:

$$E(y_i) = \Phi_i(c_1) \times c_1 + [1 - \Phi_i(c_2)] \times c_2 + [\Phi_i(c_2) - \Phi_i(c_1)]$$
$$\times \mathbf{x}_i' \boldsymbol{\beta} + \sigma_u [\phi_i(c_1) - \phi_i(c_2)] \qquad [4.4c]$$

第三,潜在汇率 y^* 的期望值可由 $\mathbf{x}_i' \boldsymbol{\beta}$ 简单得出,所以对潜在汇率,β 可以使用普通的偏导解释。最后,我们可以计算三项期望概率:超过低阈值的期望概率为 $1 - \Phi(c_1)$;不超过高阈值的期望概率为 $\Phi(c_2)$;而方程 4.4b 则是落入两个阈值之间的期望概率。参数 β 对这些概率的解释与普通 Tobit 模型相同(第 2 章)。

尽管该模型有其本来的用处,但本书介绍它的主要原因却是展示其与社会科学研究者感兴趣的其他模型的紧密联系。当搜集连续变量数据(如收入)且最高收入和最低收入以区间出现时,我们可能用到上文描述的模型。然而,典型的状况是,在调查中我们并不会问被访者的具体收入,而是给其一系列收入范围并询问其所处的区间。只要对方程 4.3 做微小的改动,我们就可以用这类数据估计收入(见 Stewart, 1983)。此时我们不具备任何关于 y^* 的信息,我们仅知道被访者的收入大于某值且小于另一值。即,

$$y_i = 0 \quad 若 \quad y_i^* < c_1$$
$$y_i = 1 \quad 若 \quad c_1 \leqslant y_i^* \leqslant c_2$$
$$\cdots$$
$$y_i = M \quad 若 \quad y_i^* < c_M$$

其对数似然函数由观测到 y 的每个取值的概率构成。若我们假设潜在变量 y^* 与向量 X 间的关系符合方程 4.1[11]，则其对数似然函数为：

$$L = \sum_{y=1} \log[\Phi_i(c_1)] + \sum_{y=2} \log[\Phi_i(c_2) - \Phi_i(c_1)]$$
$$+ \cdots + \sum_{y=M} \log[1 - \Phi_i(c_M)] \qquad [4.5]$$

向量 β 表示 x 变量与潜在连续收入变量 y^* 之间的关系。

若假设我们仅知样本中收入的等级序列，则模型可以进一步被扩展。通过改良方程 4.5，可以导出"定序 probit 模型"（McKelvey & Zavoina，1976；Maddala，1983：46—49）。其中的阈值，或称截点，是我们需要估计的参数。由于我们不再有足够的信息去单独估计 σ，所以定义 $d_m = c_m/\sigma$，$m = 1$，…，M，以及 $\gamma = \beta/\sigma$，则：

$$\Phi(d_m) = \Phi(d_m - \mathbf{x}_i'\gamma)$$

若以该方程替换方程 4.5 中的 $\Phi_i(c_m)$，则为定序 probit 模型的对数似然函数。此处需要估计的参数为 γ 和 d_m。若 $\mathbf{x}$ 中包含截距，则有一个 d_m 的值不会得到估计。例如，我们有四个截点分成的五个区间，则 x 中的截距使我们只需估计其中的三个。而第一区间会是从 $-\infty$ 到 0，第二区间为 0 到 d_1，直至第五区间 d_3 到 ∞。方程 4.5 中的模型显然可被广泛运用于连续变量未被准确测量而是以区间搜集信息的情况，因此定序 probit 模型在因变量是定序的，且其值实为某一潜在正态分布变量的显现时可被广泛运用。

第 2 节 | **内生性选择和结果**

试想我们有一个成年人样本,其中有些人有工作而有些人没有工作。我们希望建立工资与变量 x 之间关系的模型。样本总体符合:

$$\log(wage) = y_i^* = \mathbf{x}_i'\boldsymbol{\beta} + u_i \qquad [4.6]$$

我们对 u 做常规性假设——即服从均值为 0 方差为 σ_u^2 的正态分布,并假设样本个案相互独立。仅当个体有工作时,我们观测到 y_i^*。假设所有个体都有其保留性工资 v_i^*,仅当其收入高于或等于 v_i^* 时,他们才会接受工作。v^* 无法直接观测,但可以被看做:

$$v_i^* = \mathbf{w}_i'\boldsymbol{\alpha} + e_i \qquad [4.7]$$

我们对误差项 e 做常规假设,而 $\mathbf{w}$ 则是一组可观测的变量。假设 $\rho(e, u) \neq 0$。

若个体有工作,则定义 $z = 1$,否则定义 $z = 0$,以及:

$$y_i = y_i^* \quad 若 \quad z_i = 1$$
$$y_i \; 无观测 \quad 若 \quad z_i = 0$$

当使用两步骤方法进行估计时,我们会遇到一些困难。由于:

$$\mathrm{pr}(z_i = 1) = \mathrm{pr}(y_i^* > v_i^*) = \mathrm{pr}(y_i^* - \mathbf{w}_i'\boldsymbol{\alpha} > e_i)$$

$$[4.8]$$

则是否接受工作的决定取决于潜在工资 y^* [12]，因而我们不能将接受工作看做发生在获得工资之前的选择过程。相反，这两个步骤是同时发生的。

模型的似然函数包括两个部分。那些不工作的个案，其贡献为概率 $v^* > y^*$，即：

$$\mathrm{pr}(v_i^* > y_i^*) = \mathrm{pr}(\mathbf{w}_i'\boldsymbol{\alpha} + e_i > \mathbf{x}_i'\boldsymbol{\beta} + u_i)$$
$$= \mathrm{pr}(e_i - e_i > \mathbf{x}_i'\boldsymbol{\beta} - \mathbf{w}_i'\boldsymbol{\alpha}) \qquad [4.9]$$

由于 $e-u$ 服从正态分布，且其方差为：

$$\sigma^2 = \sigma_u^2 + \sigma_e^2 - 2\sigma_{ue}$$

则方程 4.9 可写作：

$$\Phi\left(\frac{\mathbf{x}_i'\boldsymbol{\beta} - \mathbf{w}_i'\boldsymbol{\alpha}}{\sigma}\right) \qquad [4.10]$$

而似然函数的另一个部分则是关于那些有工作的个案。或者说满足方程 4.8 中的要求的个案。在之前讨论选择性样本的似然函数时，我们注意到，可观测 y 的贡献为其被选择的概率乘以条件密度函数。此处的情况稍微复杂一些。我们需要看 u 和 e 的二元密度函数，且 e 在 $y_i^* - \mathbf{w}_i'\boldsymbol{\alpha}$ 处截断，即：

$$\int_{-\infty}^{y_i^* - \mathbf{w}_i'\boldsymbol{\alpha}} f(u_i, e_i)\,\mathrm{d}e \qquad [4.11]$$

其中 $f(a, b)$ 表示两个正态随机分布变量 a 和 b 的二元密度函数。方程 4.11 表明，我们现在关注的是当 $e < y_i^* - \mathbf{w}_i'\boldsymbol{\alpha}$

时，u 和 e 的联合密度函数。而该条件则恰好是方程 4.8 中说明的，将有观测工资与没有观测工资的人群分开之条件。

马代拉（Maddala，1983：76）将这部分似然函数化简得到：

$$\sum_{z=1} \left[\log \frac{1}{\sqrt{2\pi\sigma_u^2}} - \frac{1}{2\sigma_u^2}(y_i - \mathbf{x}_i'\boldsymbol{\beta})^2 \right.$$

$$\left. + \log \Phi \left(\frac{\sigma_u^2}{\sigma_e^2\sigma_u^2 - \sigma_{eu}^2} \left(y_i - \mathbf{w}_i\boldsymbol{\alpha} - \frac{\sigma_{eu}^2}{\sigma_u^2}(y_i - \mathbf{x}_i'\boldsymbol{\beta}) \right) \right) \right]$$

[4.12]

其中 σ_{eu}^2 是 u 和 e 协方差的平方。

完整的对数似然函数则是方程 4.12（所有有工作的个案）和方程 4.8（所有没有工作的个案）的加总。为了辨识模型，u 和 e 的相关系数必须为 0，且必须存在一个变量，它在 $\mathbf{x}$ 中但不在 $\mathbf{w}$ 中。

尽管顺序两步模型在此处不再适用，但似然函数仍包含未选择个案和被选择个案的部分。而其对数似然函数则与方程 3.10 中的基本选择性样本模型类似。其复杂性来源于我们处理了两个内生性的变量，其中一个为截断变量。自格朗纳（Gronau，1974）、刘易斯（Lewis，1974）和赫克曼（Heckman，1974）之后，使用这类对数似然函数的模型被扩展应用于劳动力供给问题。正如马代拉（Maddala，1983：200—202）所言，它也可以被很容易地扩展至截断和样本选择性问题。

第 **5** 章

应注意的问题

　　本书的前几章介绍了删截、选择性样本和截断数据模型。毫无疑问，自 20 世纪 70 年代末期以来，这些模型在社会科学研究中就开始被广泛地使用。然而近年来却有证据表明这些方法本身亦存在问题，尤其是赫克曼模型，受到了大量的批评。尽管许多方面仍无定论，但显然，我们在使用这类模型时应更加谨慎——如标题所言，本章讨论删截模型和选择性样本模型在实际应用中的三个重要问题。首先是其对分布假设的敏感性；其次是赫克曼模型的辨识问题；最后我们将讨论评估研究中选择性样本模型的运用。我们将不仅说明方法存在的问题，而且提供解决问题的建议或可使用的替代性方法。最后本章将以一系列指导作为小结，我们希望其可用于避免这些可能的缺陷。

第 1 节 │ 对分布假设的敏感性

异方差

异方差或者误差项的非常数方差问题,在删截模型和选择性样本模型中比在 OLS 回归中更重要。这是因为在异方差的情况下,最小二乘估计量虽然不是有效的,但却具有一致性。而删截模型和选择性样本模型的估计量却既不一致也不有效(Amemiya,1984:23)。其解决办法是"对异方差的本质做一些合理假设"(Maddala,1983:179)[13]。换言之,我们根据异方差的函数形式,将对数似然中的 σ 写为可观测的变量的函数。伊莱亚森展示了在异方差时误差项的正态分布假设(Eliason,1993:28—34)和截断正态分布假设(Eliason,1993:63—66)下可做的调整。马代拉(Maddala,1983:180)则建议对 Tobit 模型中的误差项假设:

$$\sigma_i = (\gamma + \delta z_i)^2$$

此时 z 为向量 x 中的部分或所有变量,而 γ 和 δ 则是需要估计的参数。我们用其替换方程 2.15 和 Φ_i 表达式中的 σ。

非正态性

样本选择偏误方法本身(与其具体执行过程相区别)并

不对分布进行严格假设（见 Heckman & Robb，1986:57—63）。例如赫克曼原始两步估计量只要求(1)选择式的误差服从正态分布；以及(2)结果变量条件期望等式的误差是选择等式误差的线性形式(Olsen，1980:1817)。然而这些标准方法的执行过程（两步骤方法或最大似然估计法）却需要对结果方程误差以及两误差联合分布（如二元正态分布）进行假设。

删截模型和样本选择模型中的非正态性具有极大的潜在危害。尽管 OLS 估计量在非正态条件下也是一致的，但选择性样本模型和删截模型的估计量则不是。戈德堡(Goldberger，1983:79)测量了 Tobit 模型中一系列对称但非正态的误差分布，得出的结论是："一般样本选择性偏误的修正模型通常会对偏离正态性十分敏感。"更一般地，选择性样本偏误修正方法的研究者奥尔森(Olsen，1982)指出："最大似然估计方法由于对回归残差的总体分布假设过于敏感，因而不具备优良特质。"

既然非正态性是潜在的如此严重的问题，那我们应如何对其进行处理呢？主要有两种办法:若我们有依据为误差项假设一个已知的参数分布，则我们可将该假设分布纳入模型；而若误差分布是完全不可知的，则我们应使用半参数方法。下面我们分别介绍两种方法。

关于非正态误差的最直接的参数方法，是最大似然估计法，其中我们直接定义误差项的分布。马代拉(Maddala，1983:187—190)列举了非正态 Tobit 模型的两个简单例子。其一是假设误差项服从对数正态分布。此时模型的对数似然函数与一般模型的大致相同，我们只需用 $\ln(y)$ 替换 y，并使用阈值的对数形式即可。其二是假设 u 为指数分布，其密度函数和分布函数皆为非常简单的形式。Tobit 模型由于只涉及单变量分布，因而相对较易扩展到非正态分布的形式。正如格林所指出的（Greene，1991：588），生存分析中使用的加速失效时间模型实为删截回归模型，但其通常具有非正态的误差分布。典型的分布有韦氏分布（Weibull）、对数 logistic 分布（log-logistic）、Gompertz 分布等（Allison，1984），因而软件可以较容易地估计非正态 Tobit 模型。

对于最大似然选择性样本模型来说，情况则更为复杂，因为我们需处理选择式和结果式两项误差的二元分布。李（Lee，1993）给出了一个操作性的例子。原始赫克曼 Probit-OLS 方法要求选择等式误差的正态性。然而在奥尔森（Olsen，1980）早期工作的基础上，李（Lee，1983）却说明更为灵活的两步骤方法可以估计非正态误差模型（尽管我们需要对其分布做出具体假设）。他的模型相当简单：先在假设误差项分布的基础上计算选择模型，然后计算预测概率，接着找出这些预测概率的逆正态分布函数（也就是计算代入 $\mathbf{\Phi}(\cdot)$ 能得到预测概率的值 $\mathbf{w}'_i \boldsymbol{\alpha} = j_i$），最后用 j_i 计算正态密度和分布函数，以估计 λ_i。

这在选择方程的结果多于两类时——即在所谓的多项选择模型中，也非常有用。例如，假设我们关注四类学校中学生的数学成绩。我们拟合一个选择方程来解决这一问题，其中包含四个学校类别（$m = 1, \cdots, 4$），而在结果方程中，学生的数学成绩作为因变量是在四类学校中被分别观测的。李的方法是使用多元 logit 回归来估计学校的选择问题，即计算学生进入每一学校的概率，再用其计算 j_m，$m =$

$1，\cdots，4$。这些数值会被用于估计相应的 λ_{in}，然后被用于四项 OLS 回归[14]。

事实上，李（Lee，1983）的方法比我们的介绍更具一般性。它不仅允许选择等式误差 e，同样也允许结果方程误差 u 为非正态分布（但需为已知分布）。此时逆正态分布函数能将 e 和 u 转化为正态的，并使其联合分布为二元正态的。李（Lee，1983）和马代拉（Maddala，1983:272—275）对此进行了详细的论述。这使我们可以使用最大似然估计法。由一般选择方程和结果方程出发：

$$z_i^* = \mathbf{w}_i'\boldsymbol{\alpha} + e_i \qquad [5.1a]$$

$$若 z_i^* \leqslant 0，则 z_i = 0$$

$$若 z_i^* > 0，则 z_i = 1$$

$$y_i^* = \mathbf{x}_i'\boldsymbol{\beta} + u_i \qquad [5.1b]$$

$$若 z_i = 1，则 y_i = y_i^*$$

$$若 z_i = 0，则 y_i 无观测$$

假设 e 和 u 的相关系数为 ρ。现在假设 u 的密度函数为 $g(u)$ 而累积分布函数为 $G(u)$，则 e 的累积分布函数为 $F(e)$。F 和 G 不服从正态分布。若设标准正态分布函数的逆函数为 $\boldsymbol{\Phi}^{-1}$，则我们引入新变量 e^*，使：

$$e^* = \boldsymbol{\Phi}^{-1}[F(e)]$$

这即为我们上文描述的转化过程：找到一个值，使其代入标准正态分布函数时可得到概率值 $F(e)$。对 u 进行同样的转化，有：

$$u^* = \boldsymbol{\Phi}^{-1}[G(u)]$$

e^* 和 u^* 皆为标准正态分布。而其二元分布

$$B\{\boldsymbol{\Phi}^{-1}[F(e)], \boldsymbol{\Phi}^{-1}[G(u)], \rho\}$$

由于 e^* 和 u^* 的正态性，会服从二元正态分布。我们简单地将上述表达式代入方程 3.10 的选择性样本模型，则用最大似然法估计方程 5.1a 和方程 5.1b，有：

$$L = \sum_0 \log[1-F(\mathbf{w}_i'\boldsymbol{\alpha})] + \sum_1 \log\{g[(y_i-\mathbf{x}_i'\boldsymbol{\beta})/\sigma_u]\}$$
$$+ \sum \log \boldsymbol{\Phi}\left[\frac{\boldsymbol{\Phi}^{-1}[F(\mathbf{w}_i'\boldsymbol{\alpha})]+\rho\{\boldsymbol{\Phi}^{-1}[G(y_i-\mathbf{x}_i'\boldsymbol{\beta})/\sigma_u]\}}{(1-\rho^2)^{1/2}}\right]$$

$$[5.2]$$

此处 $F(\mathbf{w}_i'\boldsymbol{\alpha})$ 是 e 小于 $\mathbf{w}_i'\boldsymbol{\alpha}$ 的概率，而 $G(y-\mathbf{x}_i'\boldsymbol{\beta})/\sigma_u$ 则是 u 小于 $(y-\mathbf{x}_i'\boldsymbol{\beta})/\sigma_u$ 的概率。最后一部分中的 $\boldsymbol{\Phi}^{-1}$ 计算当代入 $\boldsymbol{\Phi}(\cdot)$ 可以得到相同概率的标准正态分布的值。若 e 和 u 为正态分布，则可化简为方程 3.10，因为 g 是正态密度函数，F 和 $\boldsymbol{\Phi}$ 相同，最后方程 5.2 中的 F 和 G 都能与 $\boldsymbol{\Phi}^{-1}$ 抵消。实际上，该方法可以非常灵活地转化非正态分布的误差项，使其可用于删截模型和选择性样本模型的一般方法（尽管在一些情况下，我们需要引入一些附加的限制条件，使得模型估计的误差处于我们所选择的特殊分布允许的范围内）。

若误差项的分布是未知的，则我们应使用半参数模型。在赫克曼方法中，我们曾估计向量 $\boldsymbol{\alpha}$，并用其找出这样一个表达式：

$$E(结果等式误差|选择等式误差 > \mathbf{w}_i'\boldsymbol{\alpha})$$

纽威、鲍威尔和沃克（Newey, Powell & Walker, 1990）说明了两种估计 $\boldsymbol{\alpha}$ 的半参数方法，以及两种以 $\boldsymbol{\alpha}$ 的估计值为基

础,在结果方程中估计 β 的半参数方法。然而如马代拉(Maddala, 1992:56)所言,这些非参数方法还比较初步,其实际运用仍较罕见。所以本书不再赘述这些估计量的推导过程,有兴趣的读者请参考纽威等人的著作(Newey et al., 1990)。科斯莱特(Coslett, 1991)也给出了选择性样本模型的一种非参数估计;鲍威尔(Powell, 1984)则提供了非参数估计的 Tobit 模型。而李则论述了删截模型和选择性样本模型的一般非参数估计[15]。

鉴于这些模型的一般估计量对偏离正态性和同方差的敏感性,因而对这些假设的检验显然是非常有必要的。学者们提供了一些这方面的方法(如 Lee & Maddala, 1985)。有一类对正态性和同方差的偏离检验是针对特定假设进行的。切希尔和艾里什(Chesher & Irish, 1987)提供了一组非常有用的检验方法。而这些检验方法并不需要设定异方差和非正态分布的具体形式。例如它们只是根据偏度和峰度来建立标准化的正态性检验,在删截模型中,由于潜在变量只能被部分地观测,因而对标准化残差项的检验也不是以直接观测为基础的。

对其方法感兴趣的读者可以参见其论文。其基本思路是检验潜在变量 y^* 的标准化(均值为 0、标准差为 1)回归残差的估计分布矩,并与正态分布假设下其应有的值,也就是标准正态分布的矩相比较。该检验主要有三步:首先是在 y^* 仅被部分观测的基础上计算标准化残差;然后是计算这些残差与正态分布残差的矩的差值(这些值被称为矩残差,最多会有四项矩:均值、方差、偏度和峰度);最后进行一项评分检验,以考察该差值的显著性,或者更准确地说,是检验残差的观测分布与正态性假设下的分布之无差别的零假设。同方差检验的方法也遵循类似的原理。

这些假设可以被简化为一个简单回归,因而很容易计算。在同方差检验中,前两项"矩残差"是必要的,而在正态性检验中,我们则需要计算总的四项。它只涉及观测值 y、解释变量以及 β 和 σ 的估计量,所以并不复杂(在附录 2 中我们介绍了计算方法)。这些矩残差和解释变量一起构成新矩阵 **R**。我们用该矩阵对向量一进行回归,则被解释的平方和可用于检验零假设(同方差或正态性)。我们只需做一个简单的卡方检验即可。附录 2 详细解释了该方法。贝拉、雅克和李(Bera, Jarque & Lee, 1984),以及戴维森和麦金农(Davidson & Mackinnon)也提供了正态性检验的类似方法。

第 2 节 | 模型辨识和稳健性

许多学者(如 Little，1985)都意识到在原始 probit-OLS 模型中依赖非线性来完成模型辨识可能会带来的问题。如伯克和雷指出的一系列由此产生的问题：

> 典型的结果是高方差的估计量。而真实(结果)等式中风险率指标与其他回归量之间的多重共线性也是一个常见的问题……最后，若无法解释选择过程中的大部分方差……则风险率(逆米尔斯比率)的方差将会很小……(这将导致)真实等式中与截距项的高度相关(Berk & Ray，1982：386)。

杜安、曼宁、莫里斯和纽豪斯(Duan, Manning, Morris & Newhouse，1984：288)给出了多重共线性的一个例子。他们发现逆米尔斯比率和结果方程中的其他解释变量间的多元相关平方 R^2 在样本总数 9 中超过了 0.8。而在对哈根和帕克(Hagan & Parker)的讨论中，我们注意到逆米尔斯比率系数的标准误已经接近于其系数本身，因而其对结论最明确的影响就是将常数项降低至错误值的约 2/3。

斯托增伯格和雷利(Stolzenberg & Relles，1990)的蒙特

卡罗研究,发现即使在选择式误差和结果式误差的二元正态分布成立时,赫克曼两步骤方法也存在严重的问题。使用严重删截的(90%)500个模拟个案,他们发现:赫克曼方法在相关参数估计的偏误和准确性上与OLS回归一般无异。他们由此推断,赫克曼方法在测量和修正样本选择性偏误中作用微小,不宜被经常使用。

斯托增伯格和雷利的文章对使用赫克曼方法修正样本选择性偏误的倾向敲响了警钟(见 Land & McCall, 1993)。然而其结论与尼尔森(Nelson, 1984)的早期蒙特卡罗研究大不相同。后者认为赫克曼两步骤技术的问题可以很容易澄清。

尼尔森的文章比较OLS回归,赫克曼两步骤方法,以及最大似然估计法在修正选择性样本偏误中的作用。他特别关注各方法的效率(参数估计量的方差),提出了与伯克和雷(Berk & Ray, 1982)及其他许多研究者相同的问题。在误差服从二元正态分布时,以下三项重要因素会影响赫克曼估计量的表现:

1. 误差项 e 和 u 之间的相关系数 ρ;
2. 两列解释变量 $\mathbf{x}$ 和 $\mathbf{w}$ 之间的相关性;
3. 样本删截或选择的程度($z = 1$ 的个案比例)。

无论是尼尔森的研究,还是斯托增伯格和雷利的研究,都是将第三个因素固定,而使另外两个因素在各个模拟之间变化。在后者的研究中,样本的极大选择性(仅有10%的样本被选择)使OLS优于两步骤方法,因为在其他条件均等的情况下,它使后者的估计量在很大程度上失效。这是由于两步骤模型估计量的效率取决于用于修正样本选择性偏误的逆米尔斯比率 λ_i 与结果方程中的其他解释变量的相关程度。在杜安等人(Duan et al. , 1984)的研究中,这项相关被表示为 R^2,即 λ_i 对 $\mathbf{x}_i$ 的判定回归系数。在因素三,即删截或样本选择的程度一定时,R^2 的大小取决于因素二。

假设 $\mathbf{x}$ 和 $\mathbf{w}$ 一致,则我们依赖 probit 的非线性来辨识结果模型,λ_i 是这些变量的非线性函数。但如果这些变量有限(即删截或样本选择很严重的情况下),则其线性函数会逐渐逼近非线性的 λ_i。换句话说,当样本选择性问题越加严重时,米尔斯比率会逐渐成为其构成变量的线性函数。因此,在 $\mathbf{x}$ 和 $\mathbf{w}$ 的相关性确定时,R^2 随样本选择性的极端化而增加。这会损害两步骤方法(及最大似然法)相对于 OLS(不适用米尔斯比率)的效率。

第 3 章讲到,在以下任何一个条件得到满足时,OLS 估计量是无偏的:(1)误差相关性 ρ 为 0;(2)λ_i 与结果方程中的解释变量不相关($R^2 = 0$)。

若两项条件均不满足,则 ρ 或 R^2 的增加(取决于因素二和因素三)会导致 OLS 系数偏误的增加(Nelson, 1984: 193)。因此修正样本选择性偏误的需求更大。但是我们已经看到,任何非零的 R^2 都会导致两步骤模型(及最大似然估计)的效率的降低。因而广义看来这是一个两难的选择:两步骤估计量是一致的,而 OLS 估计则不是;但前者的参数估计量的方差更大。这同样建议我们应该谨慎地使用两步骤方法来估计 Tobit 模型,尤其是当两个等式中的解释变量相同的时候。表 2.2 说明相对于 OLS 和最大似然估计,两步骤

Tobit 模型的方差更大。

但斯托增伯格和雷利(Stolzenberg & Relles,1990)关注这些估计量的效率而非准确性。由于 $\rho \neq 0$ 且 $R^2 \neq 0$,这里不存在任何无偏估计,尽管两步骤估计量具有一致性。一致性是一种大样本特征,而斯托增伯格和雷利仅使用 500 个个案的样本,而且其删截率(未选择率)达到 90%,则其结果等式实际上只使用了 50 个个案。在这些条件下,我们当然不指望两步骤模型估计量有多么准确。但斯托增伯格和雷利论文中的表 4 还说明,只要 ρ 或者单个 x 与 w 之间的相关系数,两项之某一项超过 0.5,则两步骤模型的偏误小于 OLS 模型。在更大样本或不如此严重的删截数据情况下,模型的相对表现还会更加明显。

两步骤和最大似然方法的估计量的效率在 ρ 很低而 R^2 很高时最小。总的来说,最大似然估计的 **β** 和 ρ 比两步骤模型的估计量要更有效率。特别地,"OLS 偏误最大之条件,恰好也是最大似然估计对两步骤估计的优越性最大之条件"(Nelson,1984:195)。尽管最大似然法比 OLS 估计量的方差要大,但其偏差一般而言却较小(除非是 R^2 特别大的情况,如>0.9)。因此,只要 OLS 有偏(且不一致),则最大似然估计就优于 OLS 估计和两步骤估计。

第 3 节 ｜ 评估研究中的样本选择模型

　　在劳动力市场项目的评估研究中，选择性样本模型受到了最多的批评（Fraker & Maynard, 1987；Lalonde, 1986）。这是因为此类项目很少使用随机分配，因而用以纠正选择性偏误的非实验估计量不能捕捉真实的（更准确地讲，是以随机分配为基础的）项目效应。这要求使用随机对照实验来评估此类项目（Ashenfelter & Card, 1985；Barnow, 1987）。在许多文章中，赫克曼都提到非试验方法的缺陷是由于选择性样本模型的错误使用造成的：这或者是由于对样本本质的错误认识，或者是因为纳入了不必要的或过于严格的假设。在再分析中，赫克曼、霍兹和戴伯斯（Heckman, Hotz & Dabos, 1987）以及赫克曼和霍兹（Heckman & Hotz, 1989）的文章都证明：这些非实验方法确实能给出与随机分配方法非常近似的结果。

　　由这部分观点看来，这一命题应关注以下两点：首先，评估研究及其他领域内的选择性偏误修正模型绝不止现有的这些（Heckman & Robb, 1986；Little & Rubin, 1987）；其次，合适的方法应由数据和我们观察到的现象所蕴含的社会过程来决定（例如受训者怎样被选择）。我们举两个例子。

　　若我们以考试成绩来测量两所学校 A 和 B 的效率。若数据为截面数据,则用最大似然法估计选择(学生进入哪类学校)和结果(进入某类学校后的考试成绩)方程是较合适的方法。若我们的数据给出两个时点的考试成绩,即学生在进入学校 A 或学校 B 之前的成绩以及在校内待过某段时间之后的成绩,则要修正选择性偏误,首先应写出第 i 位学生在第 t 次考试中的成绩为:

$$y_{it} = \beta \mathbf{x}_{it} + \gamma z_i + u_{it}, u_{it} = \xi_i + v_{it}$$

而学生参与的选择方程为:

$$z_i = \alpha \mathbf{w}_i + e_i, e_i = \xi_i + \varepsilon_i$$

此处 $z = 1$ 表示学生进入学校 A,而 $z = 0$ 则表示学生进入学校 B,对于 $t = 1$ 的所有学生,$z = 0$。由于共同因素 ξ 的存在,因而出现了样本选择性偏误。假设 v_{it} 的均值为 0,且方差为常数,且与 ε 和 $v'_{it} (t' \neq t)$ 的所有值独立。则取第一个差异,可以消去 e 和 u 之间的相关:

$$y_{i2} - y_{i1} = \beta(\mathbf{x}_{i2} - \mathbf{x}_{i1}) + \gamma z_i + u_{i2} - u_{i1}$$
$$= \beta(\mathbf{x}_{i2} - \mathbf{x}_{i1}) + \gamma z_i + v_{i2} - v_{i1}$$

则方程中的误差项与其他所有解释变量独立,其均值为 0,具有常数方差。因此,我们用两时点上解释变量的差异以及学校类型的虚拟变量对两时点的考试成绩差异进行回归。γ 即表示在一类学校而不是另一类学校的效应。很显然,我们可将 ξ 看做遗漏变量,它是各学生特有的、不随时间变化的特质,既影响其学校选择,亦影响其考试成绩。当我们取考试成绩随时间变化的值时,这项效应消失了。赫克曼和霍兹(Heckman & Hotz, 1989)基于对有观测的时点数目的考虑扩展了该模型。

　　另一处理贯穿本书的这类截面数据的办法为鲁宾(Rubin，1977)的混合模型方法(参见 Land & McCall，1993)。鲁宾在处理因变量的无填答问题时引入该方法，而由于无填答可以是多种样本选择性问题，因而该方法的应用范围理论上更广。鲁宾用贝叶斯方法，在假设已选子样本和未选子样本之因变量分布参数的关系基础上，计算结果估计中可能的误差。换言之，研究者首先猜测或假设因变量在样本删截部分的分布，联合其对被选样本中因变量分布的认识，则对总体样本的因变量分布有所了解。该方法检测总体样本分布对未选择样本分布假设的敏感性。正如兰德和麦克科尔(Land & McCall，1993:302—303)所指出的，不同于选择偏误模型对选择过程的假设和拟合，混合模型方法对因变量的未观测分布进行假设。

　　这些假设被纳入混合模型，而解释变量的完全观测信息可用于形塑这些假设。根据每个假设，可计算一个贝叶斯预测概率区间(类似于置信区间)，该类区间是广义上的一般置信区间。但假设所基于的预设信息也有可能并不清楚。在兰德和麦克科尔的例子中，假设未填答样本的均值与填答样本相同，但其方差更大。若我们有强烈的预设信息表明这些假设，或者结果对不同假设具有强烈的敏感性，则这些假设有很大的价值。但严重的问题在于：我们并不总是有这样强烈的预设信息，而结果也并不总对不同假设敏感。这也说明，该模型只能用于测量未填答或选择性偏误的严重程度，但并不能对其进行修正。

第 4 节 | 删截模型和选择性样本模型的使用指南

我们将大略说明删截模型和选择性样本模型使用中应注意的事项。首先应考虑解决问题的适合模型。若数据还未收集，则我们应考虑最小化选择性样本问题。如在评估研究中，对控制组和实验组的参与者采用随机分配的原则。若数据已经收集完毕，则我们应从数据允许的分析方法中选择最合适的那个。若为历时性数据，则可使用上文介绍的赫克曼和霍兹(Heckman & Hotz, 1989)模型。若数据是截面的，则可使用第 2 章到第 4 章介绍的方法。

样本规模是一个重要的问题。本书讨论的多个估计量的优良特质都与大样本相关，如果样本很小，那么我们必须承认这类方法并不适合。因此，在仅使用本书方法才可解决的重要问题的研究中，研究设计必须保证有大样本。

若存在合适的大样本，且我们决定使用本书介绍的方法，则第一步应检验同方差和正态性。我们可以使用切希尔和艾利时(Chesher & Irish, 1987)的方法，或使用其他的替代性方法(Bera et al., 1984; Davidson & MacKinnon, 1984)。切希尔和艾利时详细介绍了在 Tobit 模型中怎样检验同方差和正态性，而我们可以将其扩展到选择性样本模型,但这时我们将检验二元正态性,因而其扩展形式更复杂。但在选择性样本模型中,我们可使用其方法对每一步骤——选择和结果——分开检验。在选择方程中检验正态性尤为重要。以 probit 独立估计该方程是使用切希尔和艾利时检验的最简单的方法。

若不满足同方差,则有必要对方差假设一个函数形式。类似的,若误差项不是正态分布,则我们应为其假设一个分布,或使用半参数模型。而当这些假设被满足时,对于删截回归模型,则 Tobit 估计量是可接受的。但对于选择性样本模型,我们应该先用 probit 得出逆米尔斯比率,再在结果等式中用解释变量对其进行回归。若 R^2 接近于 0,则结果方程可使用 OLS 估计,但如果并非如此,则我们应使用最大似然法估计两步骤模型。若最大似然模型中的 ρ 接近于 0,同样用 OLS 回归更合适。这是因为 OLS 估计中的 β 与最大似然估计值接近,但其方差更小(特别是在 R^2 很大时)。所以在选择性样本模型中,若 R^2 或 ρ 接近 0,则使用 OLS 方法;否则使用最大似然法。若可以使用最大似然法,则两步骤模型不具备任何优势。

最后一点是:怎样判断应使用删截回归(Tobit)还是选择性样本模型? 马代拉(Maddala, 1992:54)提出了该问题,并认为为事实上 Tobit 模型在其大致所有的应用中都是不适合的,包括其最早的托宾的应用(Tobin, 1958)。他认为 y 值本身的限制并不足以构成使用该模型的条件,相反,我们应该询问观测组形成的原因。若它是我们研究对象的某些决定带来(如不进行奢侈品消费)的,则删截模型并不适合。此处我们真正需要的是选择性样本模型——先单独拟合选择过程,再估计因变量的条件期望。而另一种情况则是 y 值的限制由外生性变量导致,如数据收集和记录(如本书开始的考试成绩例子),则毫无疑问删截模型是适合的。

当 y^* 为个体选择的函数时,使用删截模型还是选择性样本模型取决于我们对潜在变量 y^* 的本质的理解和解释。如我们假设 y^* 是渴望受教育的年限。我们假设对于完成最低年限后仍留在学校的人而言,其观测教育年限 y 即为 y^*。但对于那些在最低年限退出的人,其渴望年限小于或等于最低年限。若我们关注渴望年限,则考虑其在最低年限后是否留在学校的决定过程对渴望年限本身来说是不重要的,因而,删截模型这时就是适合的。而另一方面,奢侈品消费的潜在变量为消费愿望,它可以为负数。此时马代拉可能是正确的,因为我们需要对是否消费和消费额度分别进行估计。这并不是方法论的问题,而是对问题和理论的理解的问题。

第 5 节 | 结论

　　本书介绍了当因变量存在删截、样本选择性和截断问题时常用的分析技术。我们将其与其他方法相联系，以举例说明基本方法怎样被扩展到不同的方面。在本书结尾，我们对模型的谨慎使用作出提醒。本书所讨论的估计量的优良特性只对大样本有效，且这些模型在违反正态性和同方差假设时，远不如 OLS 模型表现得稳健。但选择性样本和删截问题在社会科学中非常普遍，本书用采纳这类技术的许多社会科学论文进行举例和检验。尽管我们需要谨慎使用这些方法，但毫无疑问它们能对大量问题提供有价值、有意义的解决办法。

附　录

附录 1 | 截断正态分布变量的期望值

该附录说明截断的正态分布随机变量之期望值的标准结果。令 u 为均值 0,标准差 σ 的正态分布随机变量,则当 u 自数值 m 被截断时,其期望值为:

A1 由上截断

$u \leqslant m$ 的概率为:

$$\Phi\left(\frac{m}{\sigma}\right) = \int_{-\infty}^{\frac{m}{\sigma}} \frac{1}{\sqrt{2\pi}} \exp(-t^2/2) \, \mathrm{d}t$$

而 $u \leqslant m$ 时 u 的条件期望 $E(u \mid u \leqslant m)$ 为:

$$\frac{\phi(m/\sigma)}{\Phi(m/\sigma)}$$

A2 由下截断

$u > m$ 的概率为:

$$\int_{m/\sigma}^{\infty} \frac{1}{\sqrt{2\pi}} \exp(-t^2/2) \, \mathrm{d}t = 1 - \Phi\left(\frac{m}{\sigma}\right)$$

而 $u > m$ 时 u 的条件期望 $E(u \mid u > m)$ 为：

$$\frac{\phi(m/\sigma)}{1 - \Phi(m/\sigma)}$$

由于正态分布的对称性，方程 A1 和 A2 也可由另一种方式写出，因而导致混淆。我们的观点是，正态分布的对称性此处意味着两点：首先，$1 - \Phi(m/\sigma) = \Phi(-m/\sigma)$；其次，$\phi(m/\sigma) = \phi(-m/\sigma)$。例如我们定义 $m = c - \mathbf{x}'_i \boldsymbol{\beta}$，则 $E(u \mid u > c - \mathbf{x}'_i \boldsymbol{\beta})$ 可写作：

$$\frac{\phi\left(\dfrac{c - \mathbf{x}'_i \boldsymbol{\beta}}{\sigma}\right)}{\Phi\left(\dfrac{\mathbf{x}'_i \boldsymbol{\beta} - c}{\sigma}\right)} = \frac{\phi\left(\dfrac{\mathbf{x}'_i \boldsymbol{\beta} - c}{\sigma}\right)}{\Phi\left(\dfrac{\mathbf{x}'_i \boldsymbol{\beta} - c}{\sigma}\right)}$$

后者则是我们在 Tobit 模型中使用的项。同样地，$E(u \mid u \leqslant c - \mathbf{x}'_i \boldsymbol{\beta})$ 可以写作：

$$\frac{-\phi\left(\dfrac{c - \mathbf{x}'_i \boldsymbol{\beta}}{\sigma}\right)}{\Phi\left(\dfrac{c - \mathbf{x}'_i \boldsymbol{\beta}}{\sigma}\right)} = \frac{-\phi\left(\dfrac{\mathbf{x}'_i \boldsymbol{\beta} - c}{\sigma}\right)}{\Phi\left(\dfrac{c - \mathbf{x}'_i \boldsymbol{\beta}}{\sigma}\right)} = \frac{-\phi\left(\dfrac{\mathbf{x}'_i \boldsymbol{\beta} - c}{\sigma}\right)}{1 - \Phi\left(\dfrac{\mathbf{x}'_i \boldsymbol{\beta} - c}{\sigma}\right)}$$

附录 2 | 切希尔和艾利时(Chesher & Irish)的正态性及异方差检验

使用切希尔和艾利时的检验需要估计四个矩残差，$\hat{e}^{(m)}$，m 等于 1 到 4。另 z_i 为表示是否删截的变量($z_i = 0$ 表示删截)，并且 $k_i = X_i'\beta/\sigma$，且 $\lambda(k_i)$ 表示逆米尔斯比率。则 Tobit 模型的四个矩残差为：

$$\hat{e}^{(1)} = -(1-z_i)\lambda(k_i) + z_i\left(\frac{y}{\sigma} - k_i\right)$$

$$\hat{e}^{(2)} = (1-z_i)k_i\lambda(k_i) + z_i\left[\left(\frac{y}{\sigma} - k_i\right)^2 - 1\right]$$

$$\hat{e}^{(3)} = -(1-z_i)(2+k_i^2)\lambda(k_i) + z_i\left(\frac{y}{\sigma} - k_i\right)^3$$

$$\hat{e}^{(4)} = (1-z_i)(3k_i+k_i^3)\lambda(k_i) + z_i\left[\left(\frac{y}{\sigma} - k_i\right)^4 - 3\right]$$

实际中，我们用 β 和 σ 的估计值来计算这些数值。

为检验正态性，矩阵 **R** 的元素为：

$$\hat{e}^{(1)}\mathbf{x}, \quad \hat{e}^{(2)}, \quad \hat{e}^{(3)}, \quad \hat{e}^{(4)}$$

若 **x** 包含常数项，则 $\hat{e}^{(2)}$ 可被省略。在实际运用切希尔和艾利时的方法检验正态性时，我们对每一项观测都计算 $\hat{e}^{(m)}$ 的值，并以模型中的每一个变量 x_k（包括常数项），$k =$

1，…，K，乘以$\hat{c}^{(1)}$的值来构成一组新的变量。因而我们会得到有$K+2$列的新矩阵 **R**。然后我们用一组向量一对 **R** 进行回归，得到解释平方和。拉格朗日乘数服从卡方分布，且在该例中自由度为2。若拉格朗日乘数超过自由度为2的卡方值，则我们应拒绝正态性的零假设。

异方差检验遵循非常类似的方法。切希尔和艾利时同样给出了 probit 模型的 **R** 矩阵元素。这对我们非常有用，它可以为选择性样本模型的选择等式提供正态性检验。但有一点值得注意：当样本量很小时，该检验不可信。它只在样本量相对较大时适用。

注释

[1] 我们假设即使 y 有上限，也可因为估计需要将其忽略。

[2] 在格朗诺（Gronau，1974）和刘易斯（Lewis，1974）早期工作的基础上，赫克曼（Heckman，1976）最先提出这一结构并发展了这一两步骤方法。

[3] Tobit 为 Tobin probit 的缩写。

[4] 例如，离散变量 z 的期望值为：

$$\sum_i z_i \mathrm{pr}(z = z_i)$$

而连续变量 z 的期望值为：

$$\int_{-\infty}^{\infty} y f(y) \mathrm{d}y$$

其中 f 表示密度函数。

[5] 关于一致性和渐进无偏性的区别，参见达利密斯（Dhrymes，1989：86—89）。

[6] 另一问题涉及对数似然函数的复杂性。例如，若我们定义的模型中包含非常复杂的多元积分，则最大似然估计法可能在事实上难以实施。

[7] 这四项偏导皆在假设 $c = 0$ 的情况下获得。但若该假设不成立，则除方程 2.20c 外，其他几项偏导并不发生变化。对于方程 2.20c，我们应考虑 x_j 的变化影响某观测值取非零阈值 c 的概率的局部效应，即在方程中加入一项 $-\phi(z)\beta_j/\sigma$。

[8] 此处我们使用了微分的乘法法则。即在 $y = f(x)g(x)$ 时，y 对 x 的导数等于 $f(x)g'(x) + f'(x)g(x)$，其中 $'$ 表示函数的导数。该分解式仅在 $c = 0$ 时成立，若该条件不满足，则我们应在方程中加入一项，表示 x_j 的变化对观测值取非零阈值 c 的概率的影响。

[9] 由于霍诺汉和诺兰（Honohan & Nolan，1993）在其 Tobit 模型中并未报告误差项的方差估计，因而我们无法计算收入对拥有金融资产的概率的偏导数。

[10] 在第 1 章我们已经部分讨论过这一问题。斯托增伯格和雷利（Stolzenberg & Relles，1990：表 1）为我们列举了《美国社会学评论》（*American Sociological Review*）杂志中使用赫克曼技术修正选择性样本偏误的文章。

[11] 在因变量为收入的情况下，我们常令 y^* 为收入的转换形式，如其对数。

[12] 这是一个简化模型，它假设工作资源是充足的，因而使得个人是否获得

工作完全取决于其自身选择。

[13] 此处我们讨论的是潜在变量 y^* 的误差项的异方差。应注意将其与第 3 章中讨论的赫克曼两步法里结果等式中的异方差问题相区别。

[14] 此时若使用本章稍后将讲到的一般化方法,仍可构建对数似然函数。李的方法的稳健性在用于多项选择模型时遭到了施默特曼的质疑(Schmertmann, 1994),尽管这项批评在仅仅使用二元选择时并不适宜。

[15] 《计量经济学》杂志,以及格拉格·邓肯(Greg Duncan)编辑的《未设定误差分布的连续与离散经济计量学》,都讨论了删截回归模型。

参考文献

ACHEN, C. H. (1982) *Interpreting and Using Regression*. Sage University Paper Series on Quantitative Applications in the Social Sciences, 07—029. Beverly Hills, CA: Sage.

ALDRICH, J. H. , and NELSON, F. D. (1984) *Linear Probability, Logit and Probit Models*. Sage University Paper Series on Quantitative Applications in the Social Sciences, 07—045. Beverly Hills, CA: Sage.

ALLISON, P. D. (1984) *Event History Analysis*. Sage University Paper Series on Quanntitative Applications in the Social Sciences, 07—046. Beverly Hills, CA: Sage.

ALLISON, P. D. , and LONG, J. S. (1987) "Interuniversity mobility of academic scienntists. " *American Sociological Review 52*: 643—652.

AMEMIYA, T. (1979) "The estimation of simultaneous-equation Tobit model. " *Internaational Economic Review 20*: 169—181.

AMEMIYA, T. (1984) "Tobit models: A survey. " *Journal of Econometrics 24*: 3—61.

ASHENFELTER, O. , and CARD, D. (1985) "Using the longitudinal structure of earnillgs to estimate the effect of training programs. " *Review of Economics and Statistics 67*: 648—660.

BARNOW, B. S. (1987) "The impact of CETA programs on earnings: A review of the literature. " *Journal of Human Resources 22*: 157—193.

BARNOW, B. S. , CAIN, G. G. , and GOLDBERGER, A. S. (1980) "Issues in the analysis of selectivity bias. " In E. W. Stromsdorfer & G. Farkas(Eds.), *Evaluation Studies Review Annual* (Vol. 5, pp. 43—59). Beverly Hills, CA: Sage.

BERA, A. K. , JARQUE, C. M. , and LEE, L. F. (1984) "Testing the normality assumption in limited dependent variable models. " *International Economic Review 25*: 563—578.

BERK, R. A. (1983) "An introduction to sample selection bias in sociological data. " *American Sociological Review 48*: 386—398.

BERK, R. A. , and RAY, S. C. (1982) "Selection biases in sociological data. " *Social Science Research 11*: 352—398.

CHESHER, A. , and IRISH, M. (1987) "Residual analysis in the grouped and censored normal linear model. " *Journal of Econometrics 34*:

33—61.

COLEMAN, J. S. , HOFFER, T. , and KILGORE, S. (1982) *High School Achievement: Public, Catholic and Other Private Schools Compared*. New York: Basic Books.

CRAGG, J. (1971) "Some statistical models for limited dependent variables with applications to the demand for durable goods. " *Econometrica 39*: 829—844.

DAVIDSON, R. , and MACKINNON, J. G. (1984) "Convenient specification tests for logit and probit models. " *Journal of Econometrics 25*: 241—262.

DEEGAN, J. , Jr. , and WHITE, K. J. (1976) "An analysis of nonpartisan election media expenditure decisions using limited dependent variable methods. " *Social Science Research 5*:127—135.

DHRYMES, P. (1989) *Topics in Advanced Econometrics*. New York: Springer-Verlag.

DUAN, N. , MANNING, W. G. , MORRIS, C. N. , and NEWHOUSE, J. P. (1984) "Choossing between the sample-selection model and the multipart model. " *Journal of Business and Economic Statistics 2*:283—289.

ELIASON, S. R. (1993) *Maximum Likelihood Estimation: Logic and Practice*. Sage University Paper Series on Quantitative Applications in the Social Sciences, 07—096. Newbury Park, CA: Sage.

ENGLAND, P. , FARKAS, G. , KILBOURNE, B. S. , and DOU, T. (1988) "Explaining occupational sex segregation and wages: Findings from a model with fixed effects. " *American Sociological Review 53*: 544—558.

FIN, T. , and SCHMIDT, P. (1984) "A test of the Tobit specification against an alternative suggested by Cragg. " *Review of Economics and Statistics 66*:174—177.

FRAKER, T. , and MAYNARD, R. (1987) "Evaluating comparison group designs with employment-related programs. " *Journal of Human Resources 22*:194—227.

GOLDBERGER, A. S. (1981) "Linear regression after selection. " *Journal of Econometrics 15*:357—366.

GOLDBERGER, A. S. (1983) "Abnormal selection bias. " In S. Karlin, T. Amemiya, &. L. A. Goodman (Eds.), *Studies in Econometrics, Time Series and Multivariate Statisstics* (pp. 67—84). New York: Academic

Press.

GREENE, W. H. (1981) "Sample selection bias as a specification error: A comment. " *Econometrica 49*:795—798.

GREENE, W. H. (1990) *Econometric Analysis*. New York: Macmillan.

GREENE, W. H. (1991) *LIMDEP User's Manual and Reference Guide*, *Version 6. 0*. New York: Econometric Software.

GRONAU, R. (1974) "Wage comparisons—A selectivity bias. " *Journal of Political Economy 82*:1119—1143.

HAGAN, J. (1989) *Structural Criminology*. New Brunswick, NJ: Rutgers University Press.

HAGAN, J. , and PARKER, P. (1985) "White collar crime and punishment: The class structure and legal sanctioning of securities violations. " *American Sociological Review 50*:302—316.

HAUSMAN, J. A. , and WISE, D. A. (1977) "Social experimentation, truncated distributions and efficient estimation. " *Econometrica 45*: 919—939.

HECKMAN, J. J. (1974) "Shadow prices, market wages and labour supply. " *Econometrica 42*:679—694.

HECKMAN, J. J. (1976) "The common structure of statistical models of truncation, sample selection and limited dependent variables and a simple estimator for such models. " *Annals of Economic and Social Measurement 5*:475—492.

HECKMAN, J. J. (1979) "Sample selection bias as a specification error. " *Econometrica 47*:153—161.

HECKMAN, J. J. (1992) "Selection bias and self-selection. " In J. Eatwell, M. Milgate, & P. Newman(Eds.), *The New Palgrave Econometrics* (pp. 201—224). London: Macmillan.

HECKMAN, J. J. , and HOTZ, V. J. (1989) "Choosing among alternative nonexperimental methods for estimating the impact of social programs: The case of manpower training. " *Journal of the American Statistical Association 84(408)*:862—874.

HECKMAN, J. J. , HOTZ, V. J. , and DABOS, M. (1987) "Do we need experimental data to evaluate the impact of manpower training on earnings?" *Evaluation Review 11*:395—427.

HECKMAN. J. J. , and ROBB, R. (1986) "Alternative identifying assumptions in econometric models of selection bias. " *Advances in Economet-*

rics 5;243—287.

HONOHAN, P. , and NOLAN, B. (1993) *The Financial Assets of Households in Ireland*. Dublin: The Economic and Social Research Institute, General Research Series Paper 162.

JOHNSTON, J. (1972) *Econometric Methods* (2nd ed.). Tokyo: McGraw-Hill.

KALBFLEISCH, J. D. , and PRENTICE, R. L. (1980) *The Statistical Analysis of Failure Time Data*. New York: John Wiley.

KARLIN, S. , and TAYLOR, H. M. (1975) *A First Course in Stochastic Processes: Volume 1* (2nd ed.). New York: Academic Press.

KMENTA, J. (1971) *Elements of Econometrics*. New York: Macmillan.

LALONDE, R. (1986) "Evaluating the econometric evaluations of training programs with experimental data." *American Economic Review 76*: 604—620.

LAND, K. C. , and MCCALL, P. L. (1993) "Estimating the effect of non-ignorable nonresponse in sample surveys." *Sociological Methods & Research 21*;291—316.

LEE, L. F. (1983) "Generalized econometric models with selectivity." *Econometrica 51*;507—512.

LEE, L. F. (1994) "Semiparametric two stage estimation of sample selection models subject to Tobit-type selection rules." *Journal of Econometrics 61*;305—344.

LEE, L. F. , and MADDALA, G. S. (1985) "The common structure of tests for selectivity bias, serial correlation, heteroscedasticity and non-normality in the Tobit model." *International Economic Review 26*;1—20.

LEWIS, H. G. (1974) "Comments on selectivity bias in wage comparisons." *Journal of Political Economy 82*;1145—1156.

LEWIS-BECK, M. S. (1980) *Applied Regression: An Introduction*. Sage University Paper Series on Quantitative Applications in the Social Sciences, 07—022. Beverly Hills, CA: Sage.

LITTLE, R. J. (1985) "A note about models for selectivity bias." *Econometrica 53*;1469—1474.

LITTLE, R. J. , and RUBIN, D. B. (1987) *Statistical Analysis With Missing Data*. New York: John Wiley.

MADDALA, G. S. (1983) *Limited Dependent and Qualitative Variables in Econometrics*. Cambridge: Cambridge University Press.

MADDALA, G. S. (1992) "Censored data models." In J. Eatwell, M. Milgate, & P. Newman (Eds.), *The New Palgrave Econometrics* (pp. 54—57). London: Macmillan.

MCDONALD, J. F., and MOFFIT, R. F. (1980) "The uses of Tobit analysis." *Review of Economics and Statistics 62*: 318—321.

MCKELVEY, R. D., and ZAVOINA, W. (1976) "A statistical model for the analysis of ordinal level dependent variables." *Journal of Mathematical Sociology 4*: 103—120.

NELSON, F. D. (1984) "Efficiency of the two-step estimator for models with endogenous sample selection." *Journal of Econometrics 24*: 181—196.

NEWEY, W. K., POWELL, J. L., and WALKER, J. R. (1990) "Semiparametric estimation of selection models: Some empirical results." *American Economic Review*, AEA Papers and Proceedings 80: 324—328.

OLSEN, R. J. (1978) "Comment on the uniqueness of the maximum likelihood estimator for the Tobit model." *Econometrica 46*: 1211—1215.

OLSEN, R. J. (1980) "A least squares correction for selectivity bias." *Econometrica 48*: 1815—1820.

OLSEN, R. J. (1982) "Distributional tests for selectivity bias and a more robust likelihood estimator." *International Economic Review 23*: 223—240.

PETERSON, R., and HAGAN, J. (1984) "Changing conceptions of race: Towards an account of anomalous findings of sentencing research." *American Sociological Review 49*: 56—70.

POWELL, J. L. (1984) "Least absolute deviations estimation for the censored regression model." *Journal of Econometrics 25*: 303—325.

RUBIN, D. B. (1977) "Formalizing subjective notions about the effect of nonrespondents in sample surveys." *Journal of the American Statistical Association 72*(359): 538—543.

SANDERS, J. M., and NEE, V. (1987) "Limits of ethnic solidarity in the enclave economy." *American Sociological Review 52*: 745—773.

SCHMERTMANN, C. P. (1994) "Selectivity bias correction methods in polychotomous sample selection models." *Journal of Econometrics 35*: 101—132.

STEWART, M. (1983) "On least-squares estimation when the dependent variable is grouped." *Review of Economic Studies 50*: 141—149.

STOLZENBERG, R. M. , and RELLES, D. A. (1990) "Theory testing in a world of constrained research design." *Sociological Methods & Research 18* : 395—415.

TIENDA, M. , SMITH, S. A. , and ORTIZ, V. (1987) "Industrial restructuring, gender segregation and sex differences in earnings." *American Sociological Review 52* : 195—210.

TOBIN, J. (1958) "Estimation of relationships for limited dependent variables." *Econometrica 26* : 24—36.

WALTON, J. , and RAGIN, C. (1990) "Global and national sources of political protest: Third World responses to the debt crisis." *American Sociological Review 55* : 876—890.

译名对照表

accelerated failure time model	加速失效模型
asymptotic property	渐近性质
asymptotically unbiased estimation	渐近无偏估计
censored data	删截数据
covariance matrix	协方差矩阵
double truncated	双重截断
evaluation research	评估研究
explicit selection	外在选择
globally concave function	广义凹函数
heteroscedasticity	异方差
homoscedasticity	同方差
incidental selection	内在选择
information matrix	信息矩阵
inverse Mill's ratio	逆米尔斯比率/风险率
joint probability	联合概率
latent variables	潜在变量
left truncated	左截断
likelihood function	似然函数
log-likelihood	对数似然值
marginal probability	边缘概率
maximum likelihood estimation	最大似然估计
mild regularity conditions	非极端正则条件
model identification	模型辨识
moment residuals	矩残差
predictive Bayesian probability interval	贝叶斯预测概率区间
right truncated	右截断
robustness	稳健性
sample selected data	选择性样本数据
threshold	阈值
truncated data	截断数据

图书在版编目(CIP)数据

删截、选择性样本及截断数据的回归模型/(英)理
查德·布林著；郑冰岛译.—上海:格致出版社;上
海人民出版社,2018.6
(格致方法·定量研究系列)
ISBN 978 - 7 - 5432 - 2865 - 8

Ⅰ.①删… Ⅱ.①理… ②郑… Ⅲ.①回归分析-研
究 Ⅳ.①0212.1

中国版本图书馆 CIP 数据核字(2018)第 089170 号

责任编辑 张苗凤

格致方法·定量研究系列
删截、选择性样本及截断数据的回归模型
[英]理查德·布林 著

郑冰岛 译

出　　版　格致出版社
　　　　　上海人 出版社
　　　　　(200001　上海福建中路 193 号)
发　　行　上海人民出版社发行中心
印　　刷　浙江临安曙光印务有限公司
开　　本　920×1168　1/32
印　　张　4
字　　数　77,000
版　　次　2018 年 6 月第 1 版
印　　次　2018 年 6 月第 1 次印刷
ISBN 978 - 7 - 5432 - 2865 - 8/C · 200
定　　价　25.00 元

格致方法·定量研究系列